轻轻走向完美

毕淑敏◎著

红旗出版社

红旗出版社
RED FLAG PRESS
推动进步的力量

图书在版编目（CIP）数据

轻轻走向完美／毕淑敏著.
—北京：红旗出版社，2014.12
ISBN 978-7-5051-3262-7
Ⅰ. ①轻… Ⅱ. ①毕… Ⅲ. ①女性－修养－通俗读物
Ⅳ. ①B825-49
中国版本图书馆CIP数据核字(2014)第221075号

书　　名	轻轻走向完美		
著　　者	毕淑敏		
出 品 人	唐中祥	责任编辑	粟博莉　朱小玲
总 监 制	褚定华	特约编辑	刘德荣
装帧设计	蔺　峰	摄　　影	郝新国　汪　颖
出版发行	红旗出版社	插　　图	吴玉龙
地　　址	北京市沙滩北街2号	邮　　编	100727
编 辑 部	010-57274497		
发 行 部	010-57270296		
印　　刷	大厂回族自治县德诚印务有限公司		
开　　本	710毫米×1000毫米	1/16	
字　　数	220千字	印　　张	15
版　　次	2014年12月北京第1版	2020年8月河北第2次印刷	
ISBN 978-7-5051-3262-7		定　　价	48.00元

凡购本书，如有缺页、倒页、脱页，本社发行部负责调换。

自 序
PREFACE

春风拂面，你我在书中相逢。

由红旗出版社、中国妇女报社、人民网联合举办的书香“三八”读书活动，是专门为女性朋友倾心搭建的阅读推广平台，希望它能有助于女性养成爱读书的好习惯。在一生中，与书结伴，多读书，读好书。在生命的途中，始终可闻到书的芳香，提升品位，升华境界，轻轻走向完美。

谢谢信任，我被书香“三八”活动组委会邀请参加第一届第二届征文的评审。姐妹们的精彩文章，弘扬正气、传达正能量，给我以启迪和鼓舞，犹如听到一颗颗蓬勃的心脏在跳动，让人充满了敬重。

今年，受组委会的委托，我写了第三届书香“三八”读书活动的用书。作为以写作为职业的人，我已经写过很多本书了，但这一次，内心十分激动，有很多贴心的话儿要对姐妹们说。同时又很忐忑，不知自己这个手艺平平的厨师，烹制的“饭菜”能否合大家的口味。重担在肩，倍感压力。

经过一年多的光阴和努力，书终于整理完稿了，内容涉及爱情、婚姻、家庭、工作、健康等等方面，期望大家喜欢。

我已年过花甲，回忆走过的年华，除了年幼不识字的辰光，几乎是日日读书的。记得生完孩子，也抱着书读。婆婆着急了，让我先生转告，坐月子读书，会看伤眼睛，留下终身疾病。我让先生转达了对婆婆的谢意，但还是照看不误。以我当医生的经验，觉得只要注意营养和姿势，读书应该不会对身体造成损害。读书已成为我的习惯，犹如一日三餐，不看书，就是精神的绝食。

借着自序这个机会，我想和姐妹们说说我对读书这件事的体会。

书对于女人的效力，不像睡眠。睡眠好的女人，容光焕发。失眠的女人，眼圈乌青。读书的女人和不读书的女人，在一天之内是看不出来的。书对于女人的效力，也不像美容保健食品。滋润得好的女人，驻颜有术。失养的女人，憔悴不堪。读书的女人和不读书的女人，在三月之内，也是看不出来的。

日子是一天天地走，书要一页页地读。轻风朗月水滴石穿，一年几年一辈子地读下去。书就像微波，从内向外震荡着我们的心，徐徐地加热，精神分子的结构就改变了，成熟了，书的效力就会凸显出来。

读书的女人，更善于倾听，因为书训练了她们的耳朵，教会了她们谦逊。知道这世上多聪慧明达的贤人，吸收就是成长。

读书的女人，更乐于思考。因为书开阔了她们的眼界，拓展了原本纤细的胸怀。明白世态如币，有正面也有反面。一厢情愿只是幻想。

读书的女人，更勇于决断。因为书铺排了历史的进程，荟萃了英雄的业绩。懂得万事有得必有失，不再优柔寡断贻误战机。

读书的女人，更充满自信。因为书让她们明辨自己的长短，既不自大，也不自卑。既然伟人们也曾失意彷徨，我们尽可以跌倒了再爬起来，抖落尘灰向前。

读书的女人，较少持续地沉沦悲苦，因为晓得天外有天乾坤很大。

读书的女人，较少无望地孤独惆怅，因为书是她们召之即来永远不倦的朋友。读书的女人，较少怨天尤人孤芳自赏，因为书让你牢记个体只是恒河沙粒沧海一粟。读书的女人，较少刻毒与卑劣，因为书中的光明，日积月累浸染着节操鞭挞着皮袍下的“小”……

姐妹们，想让人生美好，就做个爱读书的女人吧。从书中得个美妙的图案，平心静气一针一线地绣下去，幸福的图案就渐渐浮现在眼前。

2014年9月

于北京

目 录
CONTENTS

做女人，很美

我爱我的性别 / 002
三月，有我们的节日 / 005
寻觅优秀的女人 / 008
握紧你的右手 / 012

我很重要

我很重要 / 016
决定日月，决定悲喜 / 020
你站在金字塔的第几层？ / 023

保持惊奇 / 028
第6000次回答 / 033

爱怕什么

爱怕什么 / 038
非血之爱 / 041
母爱的级别 / 043
爱的回音壁 / 046
青虫之爱 / 049

爱情也如种子

爱情也如种子 / 054
关于爱的奇谈怪论 / 058
爱情没有快译通 / 063
虾红色情书 / 068
修补爱情 / 074

婚姻鞋

婚姻鞋 / 078
成千上万的丈夫 / 081
飘扬的长发与人生的幸福 / 085
剩女出嫁 / 091
垃圾婚 / 098

家　问

家　问 / 104
家的疆域 / 108
家中的气节 / 111
家是有生命的精灵 / 114
对女机器人提问 / 116

造　心

造　心 / 120
心轻者上天堂 / 123
最单纯的生活必需品 / 125
心理学家的曼陀罗 / 128
灵魂的居所 / 134
无形容颜 / 139

走出黑暗巷道

走出黑暗巷道 / 144
心情拒绝创可贴 / 149
千头万绪是多少？ / 155
如果生气是一匹野马 / 160
当我忧郁的时候 / 164
风不能把阳光打败 / 166

提醒幸福

提醒幸福 / 170
幸福盲 / 174
送你幸福瓶 / 176
家庭幸福预报 / 179
恰到好处的幸福 / 183
美好标本 / 187

做自己身体的朋友

做自己身体的朋友 / 196
每个人的身体都像宫殿 / 199
为身体投票 / 202

让人生慢慢完美

寻找你内心深处的芳香 / 208
蚕是被自己的丝裹住的 / 211
柔　和 / 215
常常爱惜 / 218
拒绝分裂 / 220
让人生慢慢完美 / 225

做女人，很美

女人制造新的人，包括男人和女人，女人源源不尽的爱孕育了这个世界。

努力做一个美好的女子，是一场修行，又像是用一生凝造一个绝世之作，是一件多么不易又多么有趣的事啊。

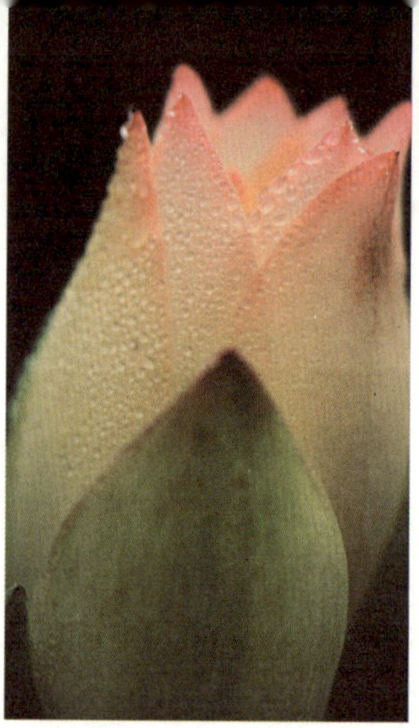

我爱我的性别

除极少数人以外，每个人都有一个明确的性别。这是一种先天的必然。不过，就像不是所有的人都接受他们的长相一样，很多人不爱自己的性别。

不爱自己的性别的人，是自卑的人，是不快乐的人，甚至——是悲惨的人。

细细分析，什么样的人最不爱自己的性别呢？也就是说，是男人不爱自己是男人，还是女人不爱自己是女人呢？

我想，不用做特别周密的调查就可以发现，在不喜欢自己性别的人群当中，女人占了大多数。

我也在其中。在过去很长的一段时间内，我不喜欢自己的性别，总在想，如果有可能的话，我愿意下辈子变成男人。

当然，我的决心还不够大。如果足够大的话，我可以去做变性手术，那么这辈子就可以变成男人了。

为什么不喜欢自己的性别呢？说来话长。在我还没有性别这个概念的时候，是无所谓喜欢还是不喜欢的。就像我们没有特别地喜欢还是不喜欢自己的手和脚。你喜欢也罢，不喜欢也罢，它都忠实地追随着你，默默无言地为你贡献着力量，你不能把它砍了剁了。如果不出意外，你得驮着它们直到生命尽头。

让我开始不喜欢我的性别的，是这个社会中的文化。它把一种弱者的荆棘之冠，栽到了女性的头上。你是一个女人，你就打上了先天的“红字”，无论你多么努力，都将堕入次等公民的行列。

在白雪皑皑的世界屋脊，我是一名用功的医生。一次，司令员病了，急需诊治。刚开始派去的都是男性，但不知是司令员的威仪吓坏了他们，还是高寒缺氧让病情复杂难愈，总之，疗效不显，司令员渐趋重笃。病榻上的将军火了，大发脾气道，还有没有像样的兵了？领导于是派我出这趟苦差。也许是病势沉重的司令员，在我眼里同一个瘦弱的老农没多大区别，手起针落，该怎么治就怎么治。也许是前头的治疗如同吃进了三个包子，轮到我这第四个包子的时候，幸运已然降临。总之，他渐渐地康复了。几天后，司令员终能勉强坐起，批阅文件调度军队了……深夜，他看着忙碌的我，突然长叹道，可惜啦！你是个女的。我说，女的有什么不好？司令员说，如果是个男的，我就提你当参谋。以后，兴许你能当上参谋长。可你是个女的，这就什么都瞎了……那一刻，仿佛昆仑山万古不化的寒冰，崩入我心田。我知道了有一种与生俱来的羞辱，从此将朝夕跟随于我。无辜的我，要背负着性

别这个深渊般的负数，直到永远。无论怎样努力，它都将如魔鬼般地冲抵着成绩，让我自轻自侮。前面，是透明的气囊，阻滞我步伐。上面，是透明的天花板，遮挡我飞翔……

后来，在漫长的岁月里，经过了痛苦的学习和反思，我才领悟到——我的性别是我不可分割的一部分，它无罪。

人类的性别，是人类的进化与分工，它是人类的骄傲。人为地将性别划分出高尚的和卑贱的区别，是一种偏见和愚昧。

女性，这一神圣的性别，和男性具有同样的思索与行动的能力。因此，她是平等和光荣的。她所具有繁衍哺育后代的结构和职责，更使她辛劳和伟大。

我的性别，如同我的身体，我的大脑，我无条件地接纳它。

于是，我热爱我的性别。

三月，有我们的节日

记得上初一的时候，一天上午，女教师对我们说："今天是'三八妇女节'……"我们乖乖地坐着，从小到大，每年都要听到一次这样的开场白，后面的话不听也猜得出来：下午女教师都放假了，你们要自己复习功课……我们安安静静地等待意料中的下文，没想到老师说；"所有的女同学放假半天。"

这是我第一次过"三八妇女节"，第一次被人庄重地当作女人。那一天，北京下着春雪。纷纷扬扬的雪花和对于女人最初的感受，从此在我记忆的天空中永远飘荡。

好长时间不喜欢女人这个词，觉得它像麻布一样松软无形，仿佛一个阴晴未定的早晨，谁知道会不会出太阳。于是便穿皮夹克，留短短的头发。妈妈说：鞋穿得那么费，比个男孩还要淘！虽说挨着骂，为了这后半句话，心中还很得意。后来，我当了兵，来到喜马拉雅山、冈底斯山、喀喇昆仑山三山交汇的一处博大的高原。连绵的冰川、无尽的雪峰，横亘在我青春的道路之上。我们是那里最初一批也是最后一批女兵，和男兵们一起爬冰卧雪，餐风宿露。假如不是每发6元钱津贴费时，要给我们加发7角5分的卫生费，我几乎以为自己已成功地成为一个男人了。

终于愿意当个女人了，是因为有了我的儿子。他使我认识到了女性自身的伟大和勇敢。她承担了这个世界上最复杂最精细最充满开创性的劳动——她制造新的人，包括女人也包括男人。生命的基因像一条缀着金锚的水兵飘带，是女性用自己的血凝为红宝石，以自己的眼泪和汗水化为珍珠，把智慧的密码绣在蔚蓝色的大海上，在波浪与白云之间飘扬。

许多年过去了，我依旧爱穿夹克，它有那么多口袋，可以装许许多多杂乱的东西。我依旧爱留短短发式，因为它简洁而随意。但我不再歧视我的性别，不再去刻意模仿男人。我终于知道世界上有一些事情，是不能选择，也不能改变的。造物主随手给了我们一张白纸，你不可能再换一张。我们能做的事，就是在这张纸上，画美丽的画，写潇洒的字。

于是，每年临近三月，心中便有了企盼，盼那个完完全全属于我们的节日。那个下午终于到了，和女伴们去看一场久已慕名的电影；和女同学一起追忆遥远的往事；到公园里静静地走，任凭略带寒意的春风，吹起丝绸披肩的一角；看野外暖气霭然的大地，浮动若隐若现的青翠……

记得一个女人曾经在书上写道："三八妇女节"若是能往后推几天，该多好！现在这个日子太冷了，女人们穿着厚厚的冬衣，无法显示出身材的婀娜与美丽。

可惜"三八"不单是一个充满鲜花的节日，它的源头是一场血与火的抗争。饥寒交迫的女人，是无暇顾及美丽的。她们用自己的热血，为后来的女人们，争取了包括美丽在内的许多权利。

记得一位中年男子曾经悻悻地说：你们都有节日，唯独我没有。仔细想一想，好像也有道理：孩子们有儿童节，老人们有重阳节，青年人有"五四"……我说：你们也有节日，比如五一国际劳动节。他反驳说那是大家共有的节日，不算。我这才明白，节日就像一个国度，是有特定的领海和领空。

是的，成年的男子们没有单独属于他们的节日，而我们有，我在感到由衷自豪的同时，又生出淡淡的悲哀，淡淡的苦涩。他们没有自己的节日，但他们是公认的强者。我们有属于自己的节日，但我们曾经是弱者，地位卑下。那些需要格外保护的东西，除了因为珍贵，就是因为脆弱。节日在给予我们真理的同时，更给予我们责任。女人因此有更多的苦，更多的累，更多的血汗与悲凉的泪。女人因此有更多的责任，更多的勇气，更多的优美的歌与深切的爱……

“现在的女人，没有过去的女人能干喽！那时候，吃糠咽菜，一个女人要拉扯几个孩子……”妈妈徐缓地对我说，好像在念一首古老的歌谣。我望着母亲华丽的灰发，心中充满对往昔的追忆。一代又一代女人组成生命的链条，每一个环节都熠熠闪光。现今的女子要读许多的书，我们要做许多的事，我们要对这个世界讲许多话，我们将比祖母姨母姑母更忙更累也更快乐！

做个女人，在春风里迎来自己的节日，这是一件多么美好的事啊！

寻觅优秀的女人

女人占了人类的一半。这个数字是多少？假定人类有60亿，广义的女人(从垂垂老媪到嗷嗷待哺的女婴)大致就有30亿。假如我们把女孩的年龄界定在15～30岁，大约占女人总人数的五分之一吧，那也有6个亿了。

望漫天霞霓，俯苍茫人寰，常常想，这其中最优秀的女人该有多少？

优秀的女人首要该是善良的。

之所以把善良排得唯此为大，是因为这个世界残酷太多。权力场、金钱场、情场、战场……到处弥漫着硝烟，到处流淌着血污。在温文尔雅的面纱下，潜伏着充满杀机的眼睛。优秀的女孩负有净化灵魂的使命，她们像明矾入水，让浑浊世界变得澄清。她们的血像油一般润滑着枯涩车轮，历史艰难地向前滚动。女人的善良是人类温情的源泉。

善良的女人知多少？

这个比例实在是不敢高估。女性其实是极不易保持善良的。她们遭受的屈辱多，她们自身的负担重。在被伤害之后，易滋生出火焰一般的报复，在悲伤之余，常在凄冷的黑夜咬牙切齿，对整个生活发出女巫般的诅咒。

原谅我，女人们，虽然我很想说出一个有关你们善良的高比例，犹如我们面对一块待检的金锭，报出它是十足赤金。但事实的真相是——历经磨难而终不改善良本性的女人，像一道穿流污泥浊水仍清澈见底的小溪，实在是太罕见了。不信你环顾四周，苍老的妇人多见狞恶之色、琐碎之色、猥琐之色……坊间传说着助人遭讹的肇事主角，往往是老妇人，就是明证。

优秀的女人其次应该是智慧的。

女人比男人更需要智慧，因为她们是更柔软的动物。智慧是优秀女人贴身的黄金软甲，保护好自身才可帮助旁人。没有智慧的女人，是一种通体透明的藻类，既无反击外界侵袭的能力，又无适应自身变异的对策，她们是永不设防的城市。智慧是女人纤纤素手中的利斧，可斩征途的荆棘，可斫身边的赘物。面对波光诡谲的海洋，智慧是女儿家永不凋谢的白帆。优秀的智慧的女性，代表人类的大脑半球，对世界发出高亢而略带尖锐的声音，在每一面山壁前回响。

但女人难得智慧。她们多的是小聪明，乏的是大清醒。过多的脂粉模糊了她们的眼睛，狭隘的圈子拘谨了她们的想象。她们的嗅觉易在甜蜜的语言中迟钝，她们的脚步易在扑朔路径中迷离。智慧不单是天赋的独生女，她还是阅历、经验、胆魄三位博导共同的学生。智慧是一块璞，需要雕琢，而雕琢需要持久的时间和良好机遇。

不是每一块宝石都会璀璨，不是每一粒树种都会挺拔。

我是一个保守的农人，面对一块贫瘠土地上的麦苗，实在不敢把收成估计得太好。智慧的女人通常比我们想象的要少。

优秀的女人还需要勇气，在这颗小小的星球上，什么矛盾都不存在了，男人和女人的矛盾依然会此起彼伏。交战的双方永远互相争斗，像结实的麻绳奋力拧出一个个前进的螺纹。假如你是一个优秀的女人，无论你朝哪个领域航行，或迟或早将遭遇这个世界上最优秀的男人。不要奢望有一处干燥的麦秸可供你依傍，不要总在街上寻找摇摇欲坠的屋檐避雨。当你不如一个男人的时候，他会宽宏大量地帮助你。当你有可能超越一个男人的时候，他会格外认真地把你当做对手。这不知是优秀女人的幸还是不幸？善良的有智慧有勇气的女人们，要敢于在黑暗的旷野独自唱着歌走路，要敢于在没有桥没有船也没有乌鸦的野渡口，像美人鱼一般泅渡过河。

这个比例有多少？

望着越来越稀疏的队伍，我真不忍心将筛孔做得太大。但女人天性胆小，就像含羞草乐意把叶子合起来一样，你不能过于苛求。

现在，在漫长的优秀阶梯上行走的女人已经不多了。

最后让我们来说说美丽吧。

在这样艰苦的跋涉之后再来要求女人的美丽，真是一种残忍。犹如我们在暴风雨以后寻找完好无缺的晶莹花朵。

但女人需要美丽。美丽是女人最初也是最终的魅力。不美丽的女人辜负了造物主的青睐，她们不是世上的风景，反倒成了一道污染。

何为美丽，一千个人有一千种说法。我就斗胆扔出我的那一块砖。

美丽的女人首先是和谐的。面容的和谐，体态的和谐，灵与肉的和谐。美丽并非一些精致巧妙的零件的组合，而是一种整体的优美。甚至缺陷也是一种和谐，犹如月中的桂影。那不是皓月引发无数遐想最确实的影像基础吗？和谐是一种心灵向外散发的光辉，它最终走向圣洁。

美丽的女人其次应该是柔和的。太辛辣太喧嚣的感官刺激不是美，而是一种霸道。优秀女人的美丽像轻风，给世界以潜移默化的温馨。当然它也燃起篝火一般的热情。可是你看，跳动的火苗舒卷的舌头是多么的柔和，像嫩红的枫叶，像浸湿的红绸，激情的局部仍旧是细致而绵软的。

美丽的女人应该是持久的。凡稍纵即逝的美丽都不是属于人的，而是属于物的。美丽的女人少年时像露水一样纯洁，年轻时像白桦一样蓬勃，中年时像麦穗一样端庄，老年时像河流的入海口，舒缓而磅礴。

美丽的女人经得起时间的推敲。时间不是美丽的敌人，只是美丽的代理人。它让美丽在不同的时刻呈现出不同的状态，从单纯走向深邃。

女人的美丽不是只有一根蜡烛的灯笼，它是可以不断燃烧的天然气。时间的掸子轻轻扫去女人脸上的红颜，但它是有教养的，还给女人一件永恒的化妆品——气质。可是有的女人却不知珍惜，把气质随手丢掉了。

也许可以说，所有美好的女人都是美丽的。

我在女性的群体里砌了一座金字塔，它是我心目中的女性黄金分割图。

这样一路算下来，优秀的女人多乎哉？不多也。

是不是我的比例过于严厉？是不是我对世界过于悲观？是不是我看女人的暗影太多？是不是优秀与平庸原不该分得太清？

现代的世界呼唤精品。女士们买一个提包都要求质量上乘，要求名牌，为什么我们不寻求自身的优秀？

优秀的女人也像冰山，能够浮到海面上的只有庞大体积的若干分之一。精品绝不会太多，否则就是赝品或是大路货了。

难道女人不该像拥有眼睛一样拥有善良吗？难道没有智慧的女人不是像没有翅膀的鸟儿一样无法翱翔？难道坚忍不拔果敢顽强对于女人不是像衣衫一般重要？难道女人不是像老媪爱惜自己最后一颗牙齿一样爱惜美丽？

让我们都来力争做一个优秀的女人吧。为了世界更精彩，为了自身更完美，为了和时间对抗，为了使宇宙永恒。

握紧你的右手

常常见女孩郑重地平伸着自己的双手，仿佛托举着一条透明的哈达。看手相的人便说：男左女右。女孩把左手背在身后，把右手手掌对准湛蓝或是雾霾的天。

常常想世上可真有命运这种东西？它是物质还是精神？难道说我们的一生都早早地被一种符咒规定，谁都无力更改？我们的手难道真是螺纹唱盘，所有的祸福都像音符微缩其中？

当我沮丧的时候，当我徬徨的时候，当我孤独寂寞悲凉的时候，我便格外地相信命运，相信命运的不公平。

当我快乐的时候，当我幸福的时候，当我成功欣喜的时候，我格外地相信自己，相信只有耕耘才有收成。

渐渐地，我终于发现命运是我怯懦时的盾牌，当我叫嚷命运不公最响的时候，正是我预备逃遁的前奏。命运像一只筐，我把对自己的姑息、原谅以及所有的延宕都一股脑地塞进去，然后蒙一块宿命的挽纱。我背着它慢慢地向前走，心中滋生一种听天由命的漠然。

有时候也诧异自己的手。手心叶脉般的纹路还是那样琐细，但这只手做过的事情，却已有了几番变迁。

在喜马拉雅山、冈底斯山、喀喇昆仑山三山交汇的高原上，我当过卫生员，用这只手推过注射器针管，扣动过冲锋枪的扳机。在机器轰鸣铜水飞溅的重工业厂区里，我做过主治医师和卫生所长，签过无数张处方，医治过数不清的病人。今天，当我用我的笔书写我对这个世界的想法时，我觉得是用我的手，把我的心制成薄薄的切片，置于人世沧桑的天平之上……

高原呼啸的风雪，卷走了我一生中最好的年华，并以浓重的阴影，投射于我此后行程中的每一处驿站。岁月送给我苦难，也附赠我经验与教训。我如今对命运的看法，与年少时有了巨大的改变。

当我快乐当我幸福当我成功当我优越当我欣喜的时候，当一切美好安稳莅临的时刻，我要提醒我自己——这是命运的环笼罩了我。在这个环里，居住着机遇，居住着偶然性，居住着所有帮助过我的人。

而当我挫折和悲哀的时候，我便默不作声地走出那个怨天尤人的我，像孙悟空的分身术一样，跳起来，站在云头上，注视着那个不幸的人。于是，我清楚地看到了她的软弱，她的懦怯，她的虚荣以及她的愚昧……

年过花甲，我对命运已心平气和。

小时候是个女孩，大起来成为女人，总觉得做个女人要比男人难，大约以后成了老婆婆，也要比老爷爷累。生活中就像没有无缘无故的爱一样，也没有无缘无故的幸运。对于女人，无端的幸运往往更像一场阴谋一个陷阱的开始。我不相信命运，我只相信我的手。

因为它不属于冥冥之中任何未知的力量，而只属于我的心。我可以支配它，去干我想干的任何一件事情。我不相信手掌的纹路，但我相信手掌加上手指所蕴积的力量。蓝天下的女孩，在你纤细的右手里，有一粒金苹果的种子。所有的人都看不见它，唯有你清楚地知道它将你的手心炙得发痛，那是你的梦想，你的期望。

女孩，握紧你的右手，千万别让它飞走！相信自己的手，相信它会在你的手里，长成一棵会唱歌的金苹果树。

我很重要

女人们常常从成就事业的角度，来断定我们是否重要。但我要说，只要我们在时刻努力着，为光明在奋斗着，更重要的——只要我们在爱着，我们就是无比重要地生活着。

让我们昂起头，对着我们这颗美丽的星球上无数的生灵，响亮地宣布——我很重要。

我很重要

当我说出“我很重要”这句话的时候，颈项后面掠过一阵战栗。我知道这是把自己的额头裸露在弓箭之下了，心灵极容易被别人的批判洞伤。许多年来，没有人敢在光天化日之下表示自己很重要。我们从小受到的教育都是——我不重要。

作为一名普通士兵，与辉煌的胜利相比，我不重要。

作为一个单薄的个体，与浑厚的集体相比，我不重要。

作为一位奉献型的女性，与整个家庭相比，我不重要。

作为随处可见的人的一分子，与宝贵的物质相比，我们不重要。

我们——简明扼要地说，就是每一个单独的“我”——到底重要还是不重要？

我是由无数星辰日月草木山川的精华汇聚而成的。只要计算一下我们一生吃进去多少谷物，饮下了多少清水，才凝聚成一具美轮美奂的躯体，我们一定会为那数字的庞大而惊讶。平日里，我们尚要珍惜一粒米、一叶菜，难道可以对亿万粒菽粟亿万滴甘露濡养出的万物之灵，掉以丝毫的轻心吗？

当我在博物馆里看到北京猿人窄小的额和前凸的吻时，我为人类原始时期的粗糙而黯然。他们精心打制出的石器，用今天的目光来看不过是极简单的玩具。如今很幼小的孩童，就能熟练地操纵语言，我们才意识到已经在进化之路上前进了多远。我们的头颅就是一部历史，无数祖先进步的痕迹储存于脑海深处。我们是一株亿万年苍老树干上最新萌发的绿叶，不单属于自身，更属于土地。人类的精神之火，是连绵不断的链条，作为精致的一环，我们否认了自身的重要，就是推卸了一种神圣的承诺。

回溯我们诞生的过程，两组生命基因的嵌合，更是充满了人所不能把握的偶然性。我们每一个个体，都是机遇的产物。

常常遥想，如果是另一个男人和另一个女人，就绝不会有今天的我……

即使是这一个男人和这一个女人，如果换了一个时辰相爱，也不会有此刻的我……

即使是这一个男人和这一个女人在这一个时辰，由于一片小小落叶或是清脆鸟啼的打搅，依然可能不会有如此的我……

一种令人怅然以至走入恐惧的想象，像雾霭一般不可避免地缓缓升起，模糊了我们的来路和去处，令人不得不断然打住思绪。

我们的生命，端坐于概率垒就的金字塔的顶端。面对大自然的鬼斧神工，我们还有权利和资格说我不重要吗？

对于我们的父母，我们永远是不可重复的孤本。无论他们有多少儿女，我们都是独特的一个。

假如我不存在了，他们就空留一份慈爱，在风中蛛丝般飘荡。

假如我生了病，他们的心就会皱缩成石块，无数次向上苍祈祷我的康复，甚至愿灾痛以十倍的烈度降临于他们自身，以换取我的平安。

我的每一滴成功，都如同经过放大镜，进入他们的瞳孔，摄入他们心底。

假如我们先他们而去，他们的白发会从日出垂到日暮，他们的泪水会使太平洋为之涨潮。面对这无法承载的亲情，我们还敢说我不重要吗？我们的记忆，同自己的伴侣紧密地缠绕在一处，像两种混淆于一碟的颜色，已无法分开。你原先是黄，我原先是蓝，我们共同的颜色是绿，绿得生机勃勃，绿得苍翠欲滴。失去了妻子的男人，胸口就缺少了生死攸关的肋骨，心房裸露着，随着每一阵轻风滴血。失去了丈夫的女人，就是齐崭崭折断的琴弦，每一根都在雨夜长久地自鸣……面对相濡以沫的同道，我们忍心说我不重要吗？

俯对我们的孩童，我们是至高至尊的唯一。我们是他们最初的宇宙，我们是深不可测的海洋。假如我们隐去，孩子就永失淳厚无双的血缘之爱，天倾东南，地陷西北，万劫不复。盘子破裂可以粘起，童年碎了，永不复原。伤口流血了，没有母亲的手为他包扎。面临抉择，没有父亲的智慧为他谋略……面对后代，我们有胆量说我不重要吗？

与朋友相处，多年的相知，使我们仅凭一个微蹙的眉尖、一次睫毛的抖动，就可以明了对方的心情。假如我不在了，就像计算机丢失了一份不曾复制的文件，他的记忆库里留下不可填补的黑洞。夜深人静时，手指在揿了几个电话键后，骤然停住，那一串数字再也用不着默诵了。逢年过节时，她写下一沓沓的贺卡。轮到我的地址时，她闭上眼睛……许久之后，她将一张没有地址只有姓名的贺卡填好，在无人的风口将它焚化。

相交多年的密友，就如同沙漠中的古陶，摔碎一件就少一件，再也找不到一模一样的成品。面对这般友情，我们还好意思说我不重要吗？

我很重要。

我对于我的工作我的事业，是不可或缺的主宰。我的独出心裁的创意，像鸽群一般在天空翱翔，只有我才捉得住它们的羽毛。我的设想像珍珠一般散落在海滩上，等待着我把它用金线串起。我的意志向前延伸，直到地平线消失的远方……没有人能替代我，就像我不能替代别人。

我很重要。

我对自己小声说。我还不习惯嘹亮地宣布这一主张，我们在不重要中生活得太久了。

我很重要。

我重复了一遍。声音放大了一点。我听到自己的心脏在这种呼唤中猛烈地跳动。

我很重要。

我终于大声地对世界这样宣布。片刻之后，我听到山岳和江海传来回声。

是的，我很重要。我们每一个人都应该有勇气这样说。我们的地位可能很卑微，我们的身份可能很渺小，但这丝毫不意味着我们不重要。

重要并不是伟大的同义词，它是心灵对生命的允诺。

女人们常常从成就事业的角度，断定我们是否重要。但我要说，只要我们在时刻努力着，为光明在奋斗着，我们就是无比重要地生活着。

我们昂起头，对着我们这颗美丽的星球上无数的生灵，响亮地宣布——我很重要。

决定日月，决定悲喜

别听信那些说年轻有多么美好的话儿，听了也千万不要当真。

青春时，你一无所有，有的只是特别敏感的神经和特别匮乏的机遇。当然，还有双手和大脑。

不要津津乐道那些贵人相助云开雾散的故事。那是极小概率的事件，而你，不过是大概率当中的一员。养成自甘普通的心态非常重要，可以让你一辈子宠辱不惊。有道是由俭入奢易，由奢入俭难。认定自己是普通人，就是情绪上的勤俭持家。偶遇常人难以企及的好运，就是人生的奢侈。不用怕自己适应不了天降祥瑞，就提前天天一厢情愿地预演美事。白日梦做多了，容易怨天尤人走火入魔。

不要对比，滋生沮丧。人和人是不一样的。比父母，你如处在低等阶层，就会生出父母不如人的怨气。而我们永远不能怨恨父母将我们出生，生命神圣。比相貌，假如你不是国色天香潘安再世，就会生出自卑心理。相貌是不可改变的，你必须接受天然的模样，从此泰然处之。比学历，假如你不够高，你可以继续努力读书。假如你所热爱的事务，主要需从实践中学习，那你就不必拘泥于一纸文书，你可以努力让自己成为这一行的佼佼者，再去教导后人。比房子大小，更是和动物撒尿圈领地属于同等级别。没有意思的事情。你知道史上那些英雄豪杰住过的房子是多少平方米吗？如果你不知道，那就证明这件事不能青史留名。也许你说你是普通人，那就更没有必要在这件事情上攀比了。从环保的角度讲，人不应该霸占那么大的地方，留给别人更多的空间，是一种修养。

年轻人常常感觉很无助，无助的根源就在于比较。只要你收起了比较，你就享得了最基本的自由。

年轻时神经非常敏锐，感官非常丰富。一切痛苦都会被放大，令你哀痛难熬。一切欢乐又那么稍纵即逝，令你惆怅惋惜。你常常以为，当你拥有了某些东西，比如业绩，比如融进一个城市，比如住在豪宅，比如提升到某个职务，比如获得了某个奖励，比如娶了美女或是嫁了高富帅……从此你就掉到蜜罐里永无痛楚。但真实的情况是，你拥有了那些东西之后，忧愁依然在，茫然依然在，唯一不在的是你的耐心。

我看过一个资料，说是这世界上真正有作为的专家，要对所操行业达到专精，至少要经过1万个小时以上的学习或是训练。关于天赋和师资等条件咱们姑且不论，单是时间，就漫长到绝望。按每日5小时浸淫其中（专注的时间太长，反倒没有效率。此处指的是全神贯注的高质量学习），要2000天。按照每年200个工作日计算，需要整整10年。

10年！足以让一个血气方刚的青年，变成沉着稳健的中年。

年轻时磨炼之意义，就在于因为这过程你经历过，就在于你终于知道它的转归。你必须有耐心，在看起来毫无希望的时候，不急于求成。举个自己的例子，很多我年轻时在意的东西，现在已经褪去颜色。我在意过生死，当我距离它尚远的时候，噤若寒蝉。当我离它更近的时候，反倒从容。我在意过名次，现在索性不参加比赛了。怡然耕耘的人，汗水之外，两袖清风。我在意过朋友的多寡，现在才知道，有一些人当初就不是为了友谊而来。如落叶遇到风霜，散去本是正常。不变的是我的人生，越来越静谧。

年轻时多选择，每个选择都通往不同的道路，每逢选择时就会不安，生怕一着不慎，满盘皆输。比如，在街头一间不算太大的超市里，共有超过25000多种商品可供你选择。只要你乐意购买，有将近10000份杂志和期刊可供你阅读。你还可以选择收看几百个电视台的任何一个频道。更不用说打开电脑，有海量的信息如原始时期的大洪水扑来，可以将你淹得两眼翻白。

不用那么紧张。

只要你的选择和你的人生大方向相一致，你的基本价值观是真善美的，那么，就不会犯原则性的错误。这就是年轻的好处，走错了，你可以重新再来。如果因为怕犯错误而驻足不前，那才是枉费了青春，犯了最大的错误。

年轻的时候，你除了可以决定自己的方向和选择之外，再就是可以决定心情。你会没有很多东西，但你一定有自己的心情。你不能改变很多东西，但你一定能改变自己的心情。所以，你可以决定日月，决定悲喜。

你或许要说，日和月，多么光芒万丈的天体，我哪里就能决定它们呢？别着急，日和月合在一起，是什么？是明天的“明”字啊。通过努力，我们可以把握自己的明天，让自己开始喜悦的早晨。

你站在金字塔的第几层?

美国心理学家马斯洛有一段名言:“如果你有意地避重就轻,去做比你尽力所能做到的更小的事情,那么我警告你,在你今后的日子里,你将是很不幸的。因为你总是要逃避那些和你的能力相联系的各种机会和可能性。”每逢读到它,我总是心怀颤栗的感动。

一个人就像是一粒种子,天生就有发芽的欲望。只要是一颗健康的种子,哪怕是在地下埋藏千年,哪怕是到太空遨游过一圈,哪怕被冰雪万载封盖,哪怕经过了鸟禽走兽消化液的浸泡,哪怕被风剑霜刀连续追杀,只要那宝贵的胚芽还在,一旦时机成熟,它就会在阳光下探出头来,绽开勃勃的生机。

现代心理学有很多精彩的论证,这些论证不能像实证的物理化学,拿出若干铁一般的证据,好像是缺憾,但这也正是它的迷人之处。它的很多假说,建立在对人的行为的推断和研究之上,被千千万万的人所证实。

马斯洛先生所创建的人的基本需要的“金字塔”理论,就是这样一个伟大的学说。他研究了很多人的行为和动机,特别是那些自我实现程度很高的人,之后得出了一个结论。简言之,就是在我们人类的精神内核中,存在着一个内

在需要的金字塔。

金字塔，不管你去没去过埃及，一定耳熟能详。它是一个下大上小的三角形结构，在马斯洛那里，他把它分成了五个台阶。

在第一个台阶上，是我们的温饱需要——最基本的生存之道。饥肠辘辘，你今晚吃什么饭？是人的第一考虑。寒冬腊月的，你今夜睡在哪里？是火车站的长凳还是马路上的水泥管？这都是头等大事。

当这个需要满足之后，紧接着就是安全的需要了。你有了吃有了住，你今天的生命是有了保障了，可是如果你被其他的人或是动物，再不就是被自然界的恶劣条件所侵犯，你远期的生命就陷在水深火热之中了。因此，一旦温饱暂且得到解决之后，人马上就会考虑安全系数够不够呢？这一点，如果你心存疑虑，尽可以放眼看去。你会看到富人区森严的保安和世上风行的形形色色的自卫器械。当你从一个熟识的环境换到一个新环境，那不安和紧张，与陌生人交谈时的畏葸和不自在……等等，都从各个方面证实了安全对人的重要性。它就是金字塔的第二层。

继续往上走，我们就到了金字塔的第三阶梯。在这个阶梯上，浓墨重彩地写着“爱”。它不仅仅包括男女之爱，亲子之爱，手足之爱……这些源于血缘和繁衍需要的浓厚爱意，还有同伴之爱，集体之爱，祖国之爱，民族之爱，文化之爱……总之，这里所提到的“爱”，有着宽泛的含义。它是那样不可或缺，是人类精神满足的高级需要。我们常常说，一个不懂得爱的人，是灰暗和孤独的。就是说人的精神需要如果不能完成这种超越和提升，就是饱含瑕疵的半成品。

爱之高处，就是尊严感了。人是一种特殊的动物，人是有尊严感的。一条虫子可以没有尊严，一只蝼蚁可以没有尊严，但是一个人，不是这样。如果丧失了尊严感，那就不是一个完整的人了。中国的古话里有“不吃嗟来之食”，有“士可杀不可辱”，有“君子一言，驷马难追”等等，讲的都是尊严的问题。

在金字塔的最高点，屹立着自我价值的体现和追求。什么是自我价值的最高体现？就是充满了创造性的劳动。我以为劳动是有高下之分的，这个不是指在道德价值层面上，而是指在带给人的由衷喜悦程度上。你可以想象并同意一个科学家，在得不到任何报酬的情形下，不倦地研究某一个与现实相隔十万八千里的学术问题，比如“歌德巴赫猜想”，研究时为自己换不到一块窝头，但毫无疑问陈景润乐在其中。你基本上不能同意一位老农在得知三年没人收购麦子的情况下，除了自己够吃之外还会不辞劳苦地广撒麦种。在前者，创造性的劳动里面蕴含着强大的挑战和快乐；在后者，则充斥着重复性劳动的艰辛和疲惫。

人类精神需要的金字塔，在某种意义上讲，是一种铁律，几乎是不可逃避的。当然，我们不能想象一个人在自己的温饱都得不到保障的时候，能够像斯蒂芬·霍金那样去研究宇宙大爆炸这样的问题。这也就是鲁迅先生所说的：年轻人，一是要生存，二是要发展。有一个顺序，有孰先孰后的问题。在解决了温饱和安全这些最基本的生存需要之后，你必定会不满足，你必定要有新的追求。人类精神发育的法则你是绕不过去的。你吃得饱了，你睡得暖了，你有大房子了，你安居乐业了，你有很安全的保障了。可是，我敢说，在你心底最深邃的地方，必有一团火焰一样的激情在躁动。你若无法满足它，你就没有恒长持久的快乐。

让我们回到本文开端所引用的马斯洛的那段话。你以为你逃避了风险，你以为你躲避了责任，你以为你成功地掩饰了自己的才华，你以为你心甘情愿地收敛包裹自己，你就可以在人们的艳羡之中，安安稳稳地过此一生了吗？我相信你可以用奢华的装备和风流倜傥的举止，成功地欺骗几乎所有的人，包括和你至亲至爱之人，但是，每每月朗星稀之时，你永远欺骗不了的一个人，就会在你独处的时候，顽强地站在你的面前，拷问你，鞭挞你，谴责你，纠正你……这个人不是别人，正是你自己！由于每一个人都是那样的与众不同，由于你生来所具有的内在生命力之火一直在熊熊燃烧，所以，当你站上了一层人生的台阶之后，你就要继续向上攀登。你只有在这种不倦的探索中，才能丰富自己，得到生命的欢愉，才能感到内在的充实和价值。

人是追求创造性快乐的动物，如同飞越大洋的候鸟脑内罗盘，掌控着我们的前进中一系列的选择和决定。你一生将成为怎样的人？在你的价值体系里，是怎样的顺序？这些看起来很浩大很空茫的标准，实际上很细致地决定着我们的工作学习生活的各个层面。

记得我在北大讲演的时候，递上来一个纸条，上面写着："我智商很高，从小到大一直是班干部，考上北大更证明了我的实力。只要我愿意，继续读硕士和博士都不成问题。我选择金钱作为我一生奋斗的目标，你看怎样？"

我把这个纸条念了。我说我很感谢这位同学对我的信任，我说人生的价值是多元的，以金钱为自己终生的奋斗目标，也大有人在。但我以为，金钱只是手段，在它之后，还有更为深层的目标在导引着你。如果你唯钱是图，那么，你的周围将没有真正的朋友。因为古往今来，已经无数次地证明了，在金钱的旗帜下，会聚拢来很多无耻小人。同时，你很可能得不到真正的爱情。因为爱情可以被金钱所出卖，却不可被金钱所购买。那个爱上你的人，有可能不是爱你本人，而是爱上了你的信用卡。如果你把金钱当成了证明你的自我价值的工具，我要说，除了单一和狭隘，还有一种盲从。你用世俗的标准代替了内在的准星。

自我实现的路，绝不会是一帆风顺的。我们常常会遭遇到挫折和失败。但人生的价值并不在于要永远是胜利和成功，而在于在这个奋斗的过程中，得到了独一无二的属于自己的体验。在生存之道解决之后，在工作中得到乐趣，就是一个极好的选择。要知道，我们每个人，一生用于工作之中的时间，大于7万个小时。可不要小瞧了这7万个小时，如果你是在快乐和创造中，你是在自我寻找价值的挑战中，你的人生就会过得神采奕奕。如果你只是为了更多的钱，更宽敞的房子，更多的应酬和名声上的虚荣，你将在7万个甚至更多的时间里，委屈着自己，扼杀着自己，毁灭着自己的自由。

我在美国印第安人的保留地，遇到一位印第安族的心理学家。她说，在我们古老的印第安人那里，有一个风俗，即使是自己的温饱没有解决，我们也会用自己的食物拯救他人。因为，对我们来说，帮助别人是精神的传统。

她说，我并不是要挑战马斯洛，我只是说，精神有时比肉体更重要。这是那位印第安族心理学家最后留给我的话。

保持惊奇

惊奇，是天性的一种流露。

生命的第一瞬就是惊奇。我们周围的世界，为什么由黑暗变得明朗？周围为什么由水变成了气？温度为什么由温暖变得清凉？外界的声音为何如此响亮？那个不断俯视我们亲吻我们的女人是谁？

……

从此我们在惊奇中成长。

这个世界上，有多少值得惊奇的事情啊。苹果为什么落地，流星为什么下雨，人们为什么兵戎相见，历史为什么世代更迭……

孩子大睁着纯洁的双眼，面对着未知的世界，不断地惊奇着，探索着，在惊奇中渐渐长大。

惊奇是幼稚的特权，惊奇是一张白纸。

但人是不可以总是惊奇的。在生命的某一个时辰，你突然因为你的惊奇，遭逢尴尬与嘲笑。你惊奇地发现——惊奇在更多的时候，是稚弱的流露，是少见多怪的代名词，是一种原始蛮荒的状态。

在我们这个崇尚见怪不怪其怪自败尊重老练成熟的民族心理中，惊奇是如胎发一般的标志。

你想成功吗？你首先须成功地把自己的惊奇掩盖起来。

我们的辞典里，印着许多诸如“处变不惊”、“宠辱不惊”、“泰山崩于前而色不改”的词汇，使“不惊”镀着大将风度的金辉，而“惊”则屈于永久的贬义。

翻开辞典，更有“惊慌失措”、“大惊失色”、“惊恐万分”的成语罗列，“惊”堕落着，简直就是怯懦、退缩、畏葸的同义语了。

于是人们开始厌恶惊奇。你想做大事吗？一个必备的基本功，就是训练自己丧失惊奇。

你看到爱情远不是传说中那般纯洁，你不要惊奇。

你看到生活远没有书本上描写的那么美好，你不要惊奇。

你看到友谊根本不是故事中那般忠诚，你不要惊奇。

你看到日子绝不如想象中那般绚烂，你不要惊奇。

……

如果你惊奇了，你就违反了一条透明的规则，会遭到别人阳光下或是暗影里的嘲笑：这个孩子还嫩着呢。

你在一次次碰壁后省悟到：即使你对这个世界还一知半解，你还搞不清问题的全部，但有一点你现在就能做到，那就是——埋葬你的惊奇。

你看到丑恶，假装没有看到，依旧面不改色谈笑风生，人们就会送你人情练达的评价。你听到秽闻，仿佛在那一刻患了突发性的耳聋，脸上毫无表情，人们会感觉你老于世故可以信赖。你被美丽美好美妙的景色感动，只可以默默地藏在心底，脸上切不可露出少见多怪的诧异，人们就会以为你少年老成，有大谋略大气魄，是可做将帅的优良材料。你碰到可歌可泣的人间至情，要把心肠练得硬如铁石，脸不变色心不跳。就算真被残酷现实搅得肝肠寸断，只可夜晚躲在无人处暗自咀嚼，切不可叫人偷觑了去，落得个阴柔寡断的负面印象。

现代社会是一只飞速旋转的风火轮，把无数信息强行灌输给我们。见多不怪，我们的心灵渐渐在震颤中麻痹，更不消说有意识地掩饰我们的惊讶，会更猛烈地加速心灵粗糙。在纷繁的灯红酒绿和人为的无情打磨中，我们很可能极快丧失掉惊奇的本能。

于是我们看到太多矜持的面孔。我们遭遇无数微笑后面的冷淡。我们把惊奇视作一种性格缺憾，我们以为永不惊讶才是人生的至高境界。

细细分析起来，“惊奇”是由两部分组成的，先有了“惊”，其次才是“奇”。如果说“惊”属于一种对陌生事物认识局限的愕然，“奇”则是对未知事物积极探讨的萌芽了。

否认了“惊”，就扼杀了它的同胞兄弟。我们将在无意之中，失去众多丰富自己的机遇。

假如牛顿不惊奇，他也许就把那个包裹着真理的金苹果，吃到自己的肚子

里面了。人类与伟大的万有引力相逢，也许还要迟滞很多年。

假如瓦特不惊奇，水壶盖噗噗响着，一个划时代的发现，就挥发到厨房的空气中。我们的蒸汽火车头，也许还要在牛车漫长的辙道里蹒跚亿万公里。

即使对普通人来说，掩盖惊奇，也易闹笑话。一位小说家写过这样一个故事。乡下农友，第一次住进城里的宾馆。面对盥洗室里那些式样别致的洁具，他想不通人洗一个脸，何至于要如此麻烦。他不会使用这些物件，本来请教一下服务小姐，也就迎刃而解了。可是他不想暴露自己的惊奇，就用地上一个雪白的盛着半盆水的瓷器，洗了脸。后来他才知道，那是马桶。

这当然是一个极端的例子。我之所以把它写在这里，绝无讽刺挖苦幸灾乐祸之意。现代社会令人眼花缭乱，每个人在某种意义上说，都是孤陋寡闻的。你在你的行业里是行家里手，在其他领域，完全可能是白痴。这不是令人羞愧的事情，而是真实现状。坦率地流露惊奇，表示自己对这一方面的无知以及求知的探索，是一种可嘉的勇气。

我认识一位老人，一天兴致勃勃地同我探讨电脑的种种输入方法。他整整82岁了，肾脏功能已经衰竭，我坚信他这一辈子也不可能在电脑键盘上敲出一个字。他在自己的专业范畴里，是一位德高望重的长者，但对电脑的理解多有谬误，就连我这个二把刀也听出了许多破绽。但是老人家充满探索之光的惊奇眼神，却在这一瞬间像探照灯一样扫过我的灵魂。面对他青筋暴突微微颤抖的手，我想，不知我这一生可否活得这样高寿？不论我生命的历程有多长，我一定要记得这目光炯炯的惊奇，学习他对世界的这份挚爱。绝不仅仅沉浸在熟悉的航道，始终保持对辽阔海域的探索，直到人们最后一次呼吸。

惊奇是一种天然本能，不是制造出来的演技。它是真情实感的火花。一块滚圆的鹅卵石，便不再会惊讶江河的波涛。惊奇蕴涵着奋进的活力。

惊奇不仅仅是幼稚，惊奇不仅仅是无知，惊奇是在它们基础上的深化和挺进。

你既然惊奇了，你就要探索这奥妙。你既然惊奇了，你就不能仅仅止于惊奇。爱好惊奇的人，也须有能量将惊奇转化为平凡。消灭惊奇的过程，也就是学习的过程。惊奇在熟悉中淡化，才干在惊奇中成长。

世界是没有止境的，惊奇也是没有止境的。惊奇是流动的水，它使我们的思想翻滚着，散发着清新水汽的芬芳，抗拒着腐烂停滞的惰性。

在城市里待得久了，常常使我们丧失惊奇的本能。我们像鳝鱼一样滑行着，浑身粘满市侩的黏液。

到自然中去，造化永远给我们以大惊喜。和寥廓的宇宙相比，个人的得失是怎样的微不足道啊。不要小看山水的洗涤，假如真正同天地对一次话，我们定会惊奇自己重新获得活力。

如果无法到自然中去，就同与自己没有利害关系的从小的朋友，做一次促膝的谈心。利害关系这件事，实在是交友的大敌。我不相信有永久的利益，我更珍视患难与共的友谊。长留史册的，不是锱铢必较的利益，而是肝胆相照的情分。和朋友坦诚地交往，会使我们留存着对真情的敏感，会使我们的眼睛抹去云翳，心境重新开朗。惊奇就在清明的心境中，再次萌发。

假如既没有自然可以依傍，又没有朋友可以信赖，真是人生的大憾事。只有在静夜中同自己对话，回忆那些经历中最美好的片段，温习曾经使心灵震撼的镜头。它也许是很小的一朵旷野花，也许是冬天的一盏红灯笼，也许是苍茫的大漠暮色，也许是雄浑激荡的乐曲……总之，那是独属于你的一份秘密，只有你才知道它对于你的惊奇的意义。古语说：学而时习之，不亦说乎。复习以往我们情感中最精彩的片段，常常会使我们整旧如新。

保持惊奇，我常常这样对自己说。

第6000次回答

某机构驻北京办事处的首席代表，是一位外籍女华人。

一次聊天，她说，本公司待遇优厚，事业发展很有前途，因此每次招聘白领，硕士博士云集，真像一句北京土话形容的——可用簸箕论堆撮。好中选优，我的用人标准，非常简单。开始的海选阶段，完全唯文凭是举，而且一定要名牌大学的高材生。

我说，这样做，是否有遗珠之憾？自学成才的也大有人在，俗话说包子有肉不在褶上。路遥知马力，日久见人心啊。

首席代表点头道，你讲得也有几分道理，但现代社会如此快节奏，哪有时间像个老农似的，慢慢考察马的能力？我没有火眼金睛能看穿人的心肺，只有凭借他的历史。如果是匹千里马，早该穿云破雾战功赫赫。馅里藏着很多肉的包子，必会油汪汪香气扑鼻，不能等咬了一口才知道。

名牌大学的学生，当然也非个个金刚不坏之身，但杰出人才的保险系数大一些。你想啊，重点大学的学生，一般来自重点中学，重点中学来自重点小学……据说一个小学生，大约要考500次试。念到博士毕业，便经历了成千上

万次考试。都说现在学生压力大，精神负担重，能在大负荷下，成绩优等，不曾考试昏倒，没有长期失眠，精神无分裂，身体未崩溃……不正说明了他毅力顽强，心理素质稳定，是可堪造就的人才吗？

再者，我喜欢名牌大学生的自信和优越感，那是一种从小积攒起来的雄厚功力，和接受了某种训练，培育出的虚张声势型的伪自信，内在质量全然不同。后面这一类的东西，一般的场合下还可凑合，但到关键时刻，需要大胆魄大气概时，就易溃败崩解。要么就是虚火上攻，色厉内荏。现代商战很残酷，谁能在气势上压倒对方，进退有度，坚持到最后一分钟，才能成为长远的赢家。当然，衡量人的整体素质，是综合指标，但我哪有那么多时间一一鉴定？

只有忙中取巧，简化约分，把复杂的问题程式化。打仗时，大家挑选勇敢的人。和平年代，人们便用名牌大学这孔筛子，来用作甄别人选的初步过滤。

我说，您这套观点，和现在的素质教育不符啊。人才应该是一个更广博的概念。

首席代表说，我也是无奈。除了分数，中国现在还有哪种比较公平公开而又负责任的评定指标，可供用人单位参考？国外是有这种标准的。

我女儿和她伙伴，都特别踊跃参加志愿者服务队伍。工作是义务的，没有报酬，但登记处表格摞得天高。孩子们要是得知申请获得接受，被指派了为公众服务的机会，会非常高兴。动机并不完全出于无私的爱心，关键在于活动结束后，用人部门会出示对义务者能力和责任感的评语。此种经历和得分，对于就业极为重要。

女儿领受任务回家，对着镜子不停咧着嘴笑。她平常性格内向，不大动表情。那一天，直笑得腮帮上的肌肉都哆嗦起来，好像白天跑了太多的路，睡觉时小腿抽筋一样。我说，艾尼卡，你这是怎么啦？按照中国话说，是吃了笑婆婆的尿了吗？女儿说，妈妈，我被分到一家像迪斯尼乐园样的游乐城，将穿着员工的制服，站在一个岔路口，为游人指路。经过测算，游人从进园，一路游玩到我所站立的地方，有三分之一的人，会有需要方便的念头。虽然标有显著的卫生间指示牌，但仍有很多人会四处张望，向服务人员打听——洗手间在哪里？这个时候，我的工作，喏，就是一边打手势，一边笑容满面地回答：如需方便请往这边走。

工作基本就是如此，很简单，很单调，但是必不可少。今天，公园服务总管问我，你知道每天要说多少遍“请往这边走”吗？我说，不知道。总管说，要回答6000遍。这句话，我相信你在说第一遍的时候，会亲切可人，温柔有加。说到1000次的时候，也还算彬彬有礼。但你能保证在每天第6000次重复它时，依旧脸上是真切的笑意，口气中没有一丝厌倦的情绪吗？如果你做不到，现在离开还来得及。

我心中一抽，女儿个性强，能承担如此乏味的工作和持续地善待他人吗？没有把握啊。忙问，艾尼卡，你怎样回答？女儿说，我想这是一个培养爱心，锻炼耐力的好机会，再说为了得到一个就业参考的好分数，就咬牙答应下来了。您没看我正在练习微笑吗？

艾尼卡真的说到做到了。我曾在游乐园快下班的时候偷窥过她，那大概已经是她当天的第5000多次微笑了，依旧纯真善良，举止到位，无一敷衍。以至义务劳动结束时，她说，妈妈，我已经忘记如何表示愤怒了。当然，她得到了很好的评语。

听完首席代表的话，我说，您这样一讲，我是既明白又糊涂了。明白的是，艾尼卡是一个好孩子。糊涂的是，既然人的优良品质是培养出来的，这不又和您的天生自信学说矛盾了吗？

首席代表笑起来说，不要钻我的空子啊。天生素质当然最好，如果不具备，就只好退而求其次。好比天然的大虾捕捞光了，人工养殖的也行啊。天才加上训练，就更棒啦！

爱怕什么

爱挺娇气挺笨挺糊涂的，有很多怕的东西

爱怕撒谎

爱怕沉默

爱怕模棱两可

爱怕刻意求工

……

爱没有天造地设的老师，爱又无法无师自通。爱要怎么爱？

爱怕什么

爱挺娇气挺笨挺糊涂的，有很多怕的东西。

爱怕撒谎。当我们不爱的时候，假装爱，是一件痛苦而残忍的事情。假如别人识破，我们就成了虚伪的坏蛋。你骗了别人的钱，可以退赔，你骗了别人的爱，就成了无赦的罪人。假如别人不曾识破，那就更惨。除非你已良心丧尽，否则便要承诺爱的假象，那心灵深处的绞杀，永无宁日。

爱怕沉默。太多的人，以为爱到深处是无言。其实，爱是很难描述的一种情感，不能知难而退而缄默，它更需要详尽地表达和传递。爱需要行动，但爱绝不仅仅是行动。或者是不是可以把语言和温情的流露，也当作行动不可或缺的部分。我曾经和朋友们做过一个游戏，让其中一个人想想自己心中充满一种独特的感觉。当情绪鼓胀于胸怀时，用表情和手势做出来，让周围不知底细的人猜测他的内心活动。出谜和解谜的人都欣然答应，觉得这有什么了不起的，肯定易如反掌。结果，能正确解码的人少得可怜。当某人自觉爱意满满面容温煦之时，他人竟是千奇百怪的误读的结论——比如认为那是“矜持”、“发呆”、“忧郁”……最要命的是有人读出了“怨恨”！

一位妈妈，胸有成竹地低下头，做出一个表情。负责猜谜的我和另一位女士愣愣地看着她，百思不得其解。最后相互对视了一下，异口同声地说：你要自杀！她恼怒地瞪着我们说，岂有此理！你们怎么那么笨？！我此刻心头正充盈温情！愚笨的我俩挺惭愧的，但没等我们道歉的话出口，那妈妈恍然大悟道：原来是这样！怪不得我每次这样看着儿子的时候，他会不安地说：妈妈，我又做错了什么？你又在发什么愁？

爱是那样地需要表达，就像整天开着各种设置的手机，耗竭太快，需要常常充电。请重复而新鲜地描述爱意吧，它是一种勇敢和智慧的艺术。

爱怕犹豫。爱是羞怯和机灵的，一不留神它就吃了鱼饵闪去。爱的初起往往是柔弱无骨的碰撞和翩若惊鸿的引力。在爱的极早期，就敏锐地识别自己的真爱，是一种能力，更是一种果敢。爱一桩事业，就奋不顾身地投入。爱一个人，就斩钉截铁地追求。爱一个民族，就挫骨扬灰地献身。爱一种信仰，就至死不悔。

爱怕模棱两可。要么爱这一个，要么爱那一个，遵循一种“全或无”的铁则。爱，就铺天盖地，不遗下一个角落。不爱就抽刀断水，金盆洗手。迟疑延宕是对他人和自己的不负责任。

爱怕沙上建塔。那样的爱，无论多么玲珑剔透，潮起潮落，遗下的只是无珠的蚌壳和断根的水草。

爱怕无源之水。沙漠里的河啊，即便不是海市蜃楼，波光粼粼又能坚持几天？当沙暴袭来的时候，最先干涸的正是泪水积聚的咸水湖。

爱怕假冒伪劣。真的爱也许不那么外表光滑，色彩艳丽，没有精致的包装，没有夸口的广告，但是它有内在的质量保证。真爱并非不会发生短路与损伤，但是它有保修单，那是两颗心的承诺，写在天地间。

爱是一个有机整体，怕分割。好似钢化玻璃，据说坦克轧上也不会碎，可惜它的弱点是宁折不弯，脆不可裁。一旦破碎，就裂成了无数蚕豆大的渣滓，流淌一地，闪着凄楚的冷光，再也无法复原。

爱的脚力不健，怕远。距离会漂淡彼此相思的颜色，假如有可能，就靠得近一点，再近一点，直到水乳交融亲密无间。万万不要人为地以分离考验它的强度，那样你也许后悔莫及。尽量地创造并肩携手天人合一的时光。

爱像仙人掌类的花朵，怕转瞬即逝。爱可以不朝朝暮暮，爱可以不卿卿我我，但爱要铁杵磨成针，恒远久长。

爱怕平分秋色。在爱的钢丝上不能学高空王子，不宜做危险动作。即使你摇摇晃晃，一时不曾跌落，也还有各种偶然性在，任何一阵旋风，都可能使你飘然坠毁。最明智最保险的是赶快从高空回到平地，在泥土上留下深深的脚印。

爱怕刻意求工。爱可以披头散发，爱可以荆钗布裙，爱可以粗茶淡饭，爱可以餐风露宿。只要一腔真情，爱就有了依傍。

爱的时候，眼珠近视散光，只爱看江山如画。耳是聋的，只爱听莺歌燕舞。爱让人片面，爱让人轻信。爱让人智商下降，爱让人一厢情愿。爱最怕的，是腐败。爱需要天天注入激情的活力，但又如深潭，波澜不惊。说了爱的这许多毛病，爱岂不一无是处？

爱是世上最坚固的记忆金属，高温下不融化，冰冻不脆裂。造一艘爱的航天飞机，你就可以驾驶着它，遨游九天。

爱是比天空和海洋更博大的宇宙，在那个独特的穹窿中，有着亿万颗爱的星斗，闪烁光芒。一粒小行星划下，就是爱的雨丝，缀起满天清光。

爱是神奇的化学试剂，能让苦难变得香甜，能让一分钟永驻成永远，能让平凡的容颜貌若天仙，能让喃喃细语压过雷鸣电闪。

爱是孕育万物的草原。在这里，能生长出能力、勇气、智慧、才干、友谊、关怀……所有人间的美德和属于大自然的美丽天分，爱都会给赠予你。

在生和死之间，是孤独的人生旅程。保有一份真爱，是照耀人生得以温暖前行的灯。

非血之爱

爱，有无数种分类法。我以为最简明的是——以血为界。

一种是血缘之爱，比如母亲之爱亲子，儿子之爱父亲，扩展至子孙爱姥姥姥爷爷爷奶奶，亲属爱表兄表弟堂姐堂妹……甚至爱先人爱祖宗，都属于这个范畴。

还有一种爱在血外，姑且称为——非血之爱。比如爱朋友，爱长官，爱下属，爱动物……最典型的是爱自己的配偶。

血缘之爱是无法选择的，你可以不爱，却不可能把某个成员从这条红链中剜除。一脉血缘在你诞生之前许久，已经苍老地盘绕在那里，贯穿悠悠岁月。血缘之爱既至高无上的尊崇又无与伦比的沉重，也充满天然的机缘和命定的随意。它的基础十分简单，一种名叫“基因”的小密码，按照数学和我们尚未掌握的规律递减着，稀释着，组合着，叠加着……遂演成世界上最神圣最博大的爱之基石。

非血之爱则要奇诡神秘得多。你我原本河海隔绝，天各一方，在某一个瞬间，突然结成一体，流淌一处，从此生死相依。这难道不是人世间最司空见惯又最不可思议的偶然吗？无数神鬼莫测的巧合混杂其中，爱与恨泥沙俱下无以澄清。激情在其中孕育，伟大与卑微交织错落。精神与人格，在血之外的湖泊中遨游，搅起滔天红浪，演化无数悲欢离合的故事……爱恋的光谱，比最复杂的银河外星系轨道，还难以预测。

血缘之爱使我们感知人间最初的温暖与光明，督我们成长，教我们成人。它是孤独人生与大千世界的脐带，攀援着它，我们一步步长大，最终挣脱它的羁绊，投入血外之爱。然后我们又回归，开始血缘之爱新的轮回。

血缘之爱是水天一色的淳厚绵长，非血之爱更多的是一见钟情的碰撞和千折百回的激荡。

血缘之爱有红色缆绳指引，有惊无险，经历误会顿挫，多能化险为夷，曲径通幽。非血之爱全凭暗中摸索，更需心灵与胆魄烛照，在苍莽荒原中，辟出人生携手共进的小径。非血之爱，使每个人思考与成长，比之循规蹈矩的血缘，更考验一个人的心智。

爱一个和你有血缘关系的人，是一种本能，一种幸福，一种责任，一种对天地造化的缠绵呼应。

爱一个和你没有血缘关系的人，是一种需要，一种渴望，一种智慧，一种对美与永恒的无倦追索。

我们一生，屡屡在血缘与非血的爱中沐浴，因此而成长。

母爱的级别

有人说，爱是与生俱来的。母爱是我们理解爱的最好范本和老师。

我以为，错。爱是需要学习，需要钻研，需要切磋，需要反复实践，需要考验，需要总结经验，需要批评帮助，需要阅读需要讨论，需要提高需要顿悟……总之，爱是一门需要穷尽一切手段打磨和精耕细作的艺术。

与生俱来的只是动物的本能。人的爱，超越了血缘、种族、国界，它辽阔的翅膀抵达宇宙的疆界，这是地球上任何一种动物不可能天然辐射的领域。所以，爱不是如同瞳仁的颜色和身高的尺度，是一连串基因决定的先天模本，而是后天艰苦琢磨的成长之丹。

印度狼孩的故事，是一个动物母爱的典范之作。有时想，假如是一个人类的母亲，得到了一只狼的幼崽，将会怎样？一般情形下，怕是不会用乳汁哺育它长大的吧？这不但说明了母爱是盲目的，还说明如果单纯比较母爱的浓度，也许人还不如一只动物。有人会说，狼长大了，会咬人，谁敢喂它？那么，一只小鼠，就会有人类的母亲用乳汁哺育它吗？答案也基本上是否定的。

母爱并不是爱的高级阶段，因为它基本上是人类的一种本能。人类的婴儿接受母爱，是被动和无意识的。从感知者的那方面来讲，母爱首先是物质的，是生存的必要条件。如果没有母亲的乳汁和精心呵护，小婴儿根本就无法生存。所以，母爱的早期阶段是分割界限不清晰的融合，它具有母体多方面付出的照料性质，母爱的高级阶段则升华为分离和精神的构建。世上有许多母亲，可以把属于动物本能的那一部分做得较好，可以完成对子女的衣食住行的补给维护，但是对高级部分，就是超越一己、博爱人类——从血缘中弥散扩展直至升华为广博的人类之爱，未必能做到及格以至优秀。

我们不时地听到这样残酷的故事：某个母亲，因为孩子的学习成绩不好，竟把亲生骨肉殴打致残致死。这是爱吗？很多人说这不是爱，因为人们本能地拒绝承认这是爱。在大家眼中，爱是纯正和没有任何杂质污染的，包括爱是不能有失误的。但我想，假使把那位死去的孩子复活，问他或她，你的妈妈是否爱你，我想，他和她带着满身伤痕，也许会说，妈妈爱过我……

母爱的初级阶段，常常是盲目和自怜自恋的。如果自己的童年曾经物质匮乏缺吃少穿，那么她很可能以为吃饱穿好就是爱了。如果她有未竟的理想，比如成为音乐家或是画家，那么她很可能拼命地驱赶孩子学习乐器和拿起画笔……把自己的愿望强加于人，美其名曰这是望子成龙、望女成凤。自己没有高等级的文凭，就希望孩子能一路读书到博士后，一洗自己的遗憾与自卑。凡此种种，普天之下俯拾皆是。多少母亲冠冕堂皇地将一己的意志，凌驾弱小孩童头上，那神圣的理由就是“爱”！天下有多少悲剧，假母爱之名上演不停。

这样的母爱，难以清晰地界定孩子是另一个完整的独立个体。这种混淆，不但是生理上的糊涂，还有更深刻的心理上的痕迹。我要说，很多成人的家庭不幸和性格缺憾，追溯起来，都和母爱只停留在地基阶段，未能完成向高级阶段的转化有关。单纯而低等级的母爱，是鱼目混珠泥沙俱下，糟粕与精华并存的原始状态。

在母爱的高级阶段，母亲要斩钉截铁高屋建瓴地完成与孩子的分隔。她高度尊重生命的不同个体之间的差异，帮助一个新的生命走向灿烂和辉煌。这种境界，即使是一个潜质优等的母亲，如果不经过修炼和学习，也是不容易天然达标的。如果将它比作一座关键的闸门，我们将忧虑地看到——无数的母亲被隔绝在门的这一边，只有经过不断学习和反思，成长优异的母亲，才能跨越这对她们自身也充满挑战的门槛，完成爱的本质升华。

既然母爱里包含着如此分明和严格的界限，我们有什么理由坚持——母爱就一定是我们接受爱的完善楷模呢？

所以，我宁可说，爱是没有天造地设的老师的，爱又无法无师自通。爱很艰巨，爱要我们在时间中苦苦摸索。

爱的回音壁

现今中年以上的夫妻，大多都只有一个孩子。对后代的关爱之心，大概达到中国有史以来的最高值。父母的感情像个红艳艳的苹果，姐妹兄弟多了，就会破成好几瓣。若是千亩一苗，孩子在父母的乾坤里，便很可能独步天下了。

在前所未有的浓浓爱意中浸泡的孩子，是否深以为乐，感到莫大幸福？我好奇地问过他们。孩子们撇着嘴说，才不！没觉着谁多爱我们。

我啧啧称奇，循循善诱道，你看，妈妈工作那么忙，还要给你洗衣做饭，爸爸在外面挣钱养家，多不容易！他们多么爱你们啊……

孩子们很漠然地说，那算什么呀！谁让他们当了爸爸妈妈呢？也不能白当啊，他们应该的。我以后做了爸爸妈妈也会这样。这难道就是爱吗？爱也太平常了！

我震住了。一个不懂得爱的孩子，就像不会呼吸的鱼，出了家族的水箱，在干燥的社会上，他不爱人，也不自爱，必将焦渴而死。

可是，你将如何让由你一手哺育长大的孩子，懂得什么是爱呢？从他眼睛接受第一缕光线时，已被无微不至的呵护包绕，早已对关照体贴熟视无睹。生物学上有一条规律，当某种物质过于浓烈时，感觉便会迅速迟钝麻痹。

如果把爱定位于关怀，随着孩子年龄的增长，对他的看顾渐次减少，孩子就会抱怨爱的衰减。“爱就是照料”这个简陋的命题，把许多成人和孩子一同领入误区。

寒霜陡降也能使人感悟幸福，比如父母离异或是早逝。但它是灾变的副产品，带着天力人力难违的僵冷。孩子虽然在追忆中，明白了什么是被爱，那却是一间正常人家不愿走进的课堂。

孩子降生人间，原应一手承接爱的乳汁，一手播洒爱的甘霖，爱是一本收支平衡的账簿。可惜从一开始，成人就间不容发地倾注了所有爱的储备，劈头盖脑砸下，把孩子的一只手塞得太满。全是收入，没有支出。这种爱浓厚地沉淀着，淤积着，从神奇化为腐朽，反让孩子成了无法感知爱意的精神残疾。

我又问一群孩子，那你们什么时候感到别人是爱你的呢？

没指望得到像样的回答。一个成人界都争执不休的问题，孩子能懂多少？比如你问一位热恋中的女人，何时感觉被男友所爱？回答一定光怪陆离。

没想到孩子们的答案晴朗坚定。

我帮妈妈买醋来着。她看我没打了瓶子，也没洒了醋，就说，闺女能帮妈干活了……我特高兴，从那会儿，我知道她是爱我的。翘翘辫女孩说。

我爸下班回来，我给他倒了一杯水，因为我们刚在幼儿园里学了一首歌，词里说的是给妈妈倒水，可我妈还没回来呢，我就先给我爸倒了。我爸只说了一句，好儿子……就流泪了。从那次起，我知道他是爱我的。光头小男孩说。

我给我奶奶耳朵上夹了一朵花，要是别人，她才不让呢，马上就得揪下来。可因为是我插的，她一直带着，见着人就说，看，这是我孙女打扮我呢……我知道她最爱我了……另一个女孩说。

我大大地惊异了。讶然这些事的碎小和孩子们斩钉截铁的逻辑。更感动他们谈论时的郑重神气和结论的不容置疑。爱与被爱高度简化了，统一了。孩子在被他人需要时，感觉到了一个幼小生命的意义。成人注视并强调了这种价值，他们就感悟到深深的爱意。在尝试给予的同时，他们懂得了什么是接受。爱是一面辽阔光滑的回音壁，微小的爱意反复回响着，折射着，变成了巨大的轰鸣。当付出的爱被隆重地接受并珍藏时，孩子终于强烈地感觉到了被爱的尊贵与神圣。

被太多的爱压得麻木不堪，腾不出左手的孩子，只得用右手，完成了给予和领悟爱的双重任务。

天下的父母，如果你爱孩子，一定让他从力所能及的时候，开始爱你和周围的人。这绝非成人的自私，而是为孩子一世着想的远见。不要抱怨孩子天生无爱，爱与被爱是铁杵成针百年树人的本领。就像婴儿学习走路一样，需反复练习，才会举步如飞。

如果把孩子在无边无际的溺爱里泡得口眼翻白，早早剥夺了他感知爱的能力，育出一个爱的低能儿，即使不算弥天大错，也是成人权力的滥施，或许要遭天谴的。

现在很多省市开放了生育二胎的相关政策，很多夫妇商量着再要一个宝宝。报纸上刊物上网络上各路专家支招，探讨高龄产妇的身体状况，理财的顾问也建议家庭要有经济上的储备和计划，包括再生一个孩子是不是要多买房间……

我想说，这些都是必要的，但最重要的准备是父母精神和心理上的建设。生一个孩子，把他养育成人，是浩大的工程。第二个孩子并不只是第一个孩子的简单重复，而是新的生命独立的进程。父母们要从第一个孩子的成长教育过程中，吸取经验教训。其中特别重要的一点，就是要让孩子懂得爱是什么。

在爱中领略被爱，会有加倍的丰收。孩子渐渐长大，一个爱自己爱世界爱人类也爱自然的青年，便喷薄欲出了。

青虫之爱

我有一位从小的闺中好友，怕虫子。不论什么品种品相的虫子都怕。披着蓑衣般茸毛的洋拉子，不害羞地裸着体的吊死鬼，一视同仁地怕。甚至株连到雨后的蚯蚓，也怕。放学的时候，如果恰好刚停了小雨，她就会闭了眼睛，让我牵着她的手，慢慢地在黑镜似的柏油路上走。我说，迈大步！她就乖乖地跨出很远，几乎成了体操动作上的“劈叉”，以成功地躲避正蜿蜒于马路的软体动物。在这种瞬间，我可以感受到她的手指如青蛙腿般弹着，不但冰凉，还有密集的颤抖。

大家不止一次地想法治她这毛病，那么大的人了，看到一个小小毛虫，哭天抢地的，多丢人啊！早春天，男生把飘落的杨花坠，偷偷地夹在她的书页里。待她走进教室，我们都屏气等着那心惊肉跳的一喊，不料什么声响也未曾听到。她翻开书，眼皮一翻，身子一软，就悄无声息地瘫到桌子底下了。

从此再不敢锻炼她。

许多年过去，各自都成了家，有了孩子。一天，她到我家中做客，我下厨，她在一旁帮忙。我摘青椒的时候，突然从蒂旁钻出一颗青虫，胖如蚕豆，背上还长着簇簇黑刺，好一条险恶的虫子。因为事出意外，怕那虫蛰人，我下意识地将半个柿子椒像着了火的手榴弹扔出老远。

待柿子椒停止了滚动，我用杀虫剂将那虫子扑死，才想起酷怕虫的女友，心想刚才她一直目不转睛地和我聊着天，这虫子一定是入了她的眼，未曾听到她惊呼，该不是吓得晕厥过去了吧？

回头寻她，只见她神态自若地看着我，淡淡地说，一个小虫，何必如此慌张。

我比刚才看到虫子还愕然地说，啊，你居然不怕虫子了？吃了什么抗过敏药？还是狠斗私字一闪念，阶级觉悟有了大提高？

女友苦笑说，怕还是怕啊。只是我已经能练得面不改色，一般人绝看不出破绽。刚开始的时候，我就盯着一条蚯蚓看，因为我知道它是益虫，感情上接受起来比较顺畅。再说，蚯蚓是绝对不会咬人的，安全性较好……这样慢慢举一反三，现在我无论看到有毛没毛的虫子，都可以把惊恐压制在喉咙里。

我说，为了一个小虫子，下这么大的功夫，真有你的。值得吗？

女友很认真地说，值得啊。你知道我为什么怕虫子吗？

我撇撇嘴说，我又不是你妈，我怎么会知道啊！

女友拍着我的手说，你可算说到点子上了，怕虫就是和我妈有关。我小的时候，是不怕虫子的。有一次妈妈听到我在外面哭，急忙跑出去一看，我的手背又红又肿，旁边一条大花毛虫正在缓缓爬走。我妈知道我叫虫蛰了，赶紧往我手上抹牙膏，那是老百姓止痒解毒的土法。以后，她只要看到我的身旁有虫子，就大喊大叫地吓唬我……一来二去的，我就成了条件反射，看到虫子，真魂出窍。

后来如何好的呢？我追问。依我的医学知识，知道这事的起因，是当年她的母亲将一个恶性刺激反复强化，最后，女友就成了巴甫洛夫教授的案例——每次看到虫子，就恢复到童年时代的大恐惧中。世上有形形色色的恐惧症，有的人怕高，有的人怕某种颜色。我曾见过一位女士，怕极了飞机起飞的瞬间，不到万不得已，她是绝不搭乘飞机的。一次实在躲不过，上了飞机。系好安全带后，她骇得脸色刷白，飞机开始滑动，她竟嚎啕痛哭起来……中国古时的“一朝被蛇咬，三年怕井绳”说的就是这回事。只不过这杯弓蛇影胆战心惊的起因，有的人记得，有的人已遗忘在潜意识的深海中。在普通人看来是微不足道的小事，对当事人来说，痛苦煎熬，治疗起来十分困难。

女友说，后来有人要给我治，打算用“逐步脱敏”的办法。比如先让我看虫子的画片，然后再隔着玻璃观察虫子，最后直接注视虫子……

原来你是这样被治好的啊！我恍然大悟道。

嗨！我根本就没用这个法子。我可受不了，别说是看虫子的画片了，有一次到饭店吃饭，上了一罐精致的补品。我一揭开盖，看到那飘浮的虫草，立时就把盛汤的小罐摔到地上了……朋友抚着胸口，心有余悸地讲着。

我狐疑地看了看自家的垃圾筒，虫尸横陈，难道刚才女友是别人的胆魄附体，才如此泰然自若？我说，别卖关子了，快告诉我你是怎样重塑了金身？

女友说，别着急啊，听我慢慢说。有一天，我抱着女儿上公园，那时她刚刚会讲话。我们在林荫路上走着，突然她说，妈妈……头上……有……她说着，把一缕东西从我的发上摘下，托在手里，邀功般地给我看。

我定睛一看，魂飞天外，一条五彩斑斓的虫子，在女儿的小手内，显得狰狞万分。

我第一个反应是像以往一样的昏倒，但是我倒不下去，因为我抱着我的孩子。如果我倒下了，就会摔了她。我不但不曾昏过去，神智也是从没有过的清醒。

第二个反应是想撕肝裂胆地大叫一声。因为你胆子大，对于惊叫在恐惧时的益处可能体会不深。其实能叫出来极好，可以释放高度的紧张。但我立即想到，万万叫不得。我一喊，就会吓坏了我的孩子。于是我硬是把喷到舌尖的惊叫咽了下去，我猜那时我的脖子一定像吃了鸡蛋的蛇一样，鼓起了一个大包。

现在，一条虫子近在咫尺。我的女儿用手指抚摸着它，好像那是一块冷冷的斑斓宝石。我的脑海迅速地搅动着。如果我害怕，把虫子丢在地上，女儿一定从此种下了虫子可怕的印象。在她的眼中，妈妈是无所不能无所畏惧的，如果有什么东西把妈妈吓成了这个样子，那这东西一定是极其可怕的。

我读过一些有关的书籍，知道当年我的妈妈，正是用这个办法，让我一生对虫子这种幼小的物体，骇之入骨。即便当我长大之后，从理论上知道小小的虫子只要没有毒素，实在不值得大惊小怪，但我的身体不服从我的意志。我的妈妈一方面保护了我，一方面用一种不恰当的方式，把一种新的恐惧注入到我的心里。如果我大叫大喊，那么这根恐惧的链条，还会遗传下去。不行，我要用我的爱，将这铁环砸断。

我颤颤巍巍伸出手，长大之后第一次把一只活的虫子，捏在手心，翻过来掉过去地观赏着那虫子，还假装很开心地咧着嘴，因为——女儿正在目不转睛地看着我呢！

虫子的体温，比我的手指要高得多，它的皮肤有鳞片，鳞片中有湿润的滑液一丝丝渗出，头顶的茸毛在向不同的方向摆动着，比针尖还小的眼珠机警又怯懦……

女友说着，我在一旁听得毛骨悚然。只有一个对虫子高度敏感的人，才能有如此令人震惊的描述。

女友继续说，那一刻，真比百年还难熬。女儿清澈无瑕的目光笼罩着我，在她面前，我是一个神。我不能有丝毫的退缩，我不能把我病态的恐惧传给她……

不知过了多久，我把虫子轻轻地放在了地上。我对女儿说，这是虫子。虫子没什么可怕的。有的虫子有毒，你别用手去摸。不过，大多数虫子是可以摸的……

那只虫子，就在地上慢慢地爬远了。女儿还对它扬扬小手，说"拜……"

我抱起女儿，半天一步都没有走动。衣服早已被湿粘的冷汗浸透。

女友说完，厨房里寂静无声，锅冷灶清。好久好久，我说，原来你的药，是你的女儿给你的啊。

女友纠正道，我的药，是我自己给我的，那就是对女儿的爱。

爱情也如种子

1000年过去了，它们重逢的那一天，以同样的绿叶相互招手，以同样的盛莲颔首问候。千年不过转瞬，时光只是打了个小盹的午觉。它们如此惟妙惟肖，同样千年不凋。

种子是值得尊敬的，不由得想到爱情也应该是一颗不死的种子。它可以被埋藏，但时间无法更改它的基因，只会让它历久弥新。

爱情也如种子

端午节前，端详一个粽子。主体成分的糯米，是粘稻的种子。让粽子呈现出紫红斑点的赤豆，是红豆的种子。让粽子有着丰腴口感的蜜枣，是枣树的种子。

白面馒头和玉米饼，是小麦和玉蜀黍的种子。

饭后嗑个黑白瓜子，那是向日葵或是南瓜、西瓜的种子。

我们穿起布衣，那是皮棉种子上覆盖的纤毛织就，相当于棉花的种子把它的外衣让渡给了人们。

我们吃的青菜，是一代又一代的种子们繁衍发育而成……拌凉菜的香油，是芝麻的种子压榨而来。饭后饮用的咖啡，是咖啡树的种子磨制而成。旧时点的油灯，是油菜的种子带来光亮。看杨花柳絮如雪的飘荡，那是它们的种子在乘风迁徙。小女孩在草地上吹动的小伞，是蒲公英的种子在飞翔。把一个苹果平行着切开，苹果核内星光灿烂，那是种子如五角星般排列。捏碎花生壳，胖胖的花生种子在安睡，做着好梦。我们吃的黄豆、绿豆、黑豆、豌豆、蚕豆……都是庞大的豆科植物的种子。

种子随处可见，生命就这样和种子们交织在一起，密不可分。

种子，是裸子植物和被子植物特有的繁殖体，种子的形成是生物进化史上的一大进步。它使幼小的孢子体胚珠，得到母体的保护，并像哺乳动物的胎儿那样享用到充足的养料。种子的外壳像精巧的建筑，构置出了适于传播和抵抗不良条件的结构，为植物的种族延续创造了良好的条件。

在某个岛国上，我见过海椰子。它并不是椰子树的后代，而是棕榈树的果实。此树雌雄异株，雌株的果实要等待10年才可成熟，剥去肉质而富有纤维的皮革状外皮，坚果部分类似女子的骨盆形状，估摸着可有几公斤重。据说它是世界上已知的最大种子。

最小的种子，我原以为是杨花。多么微小啊，吹一口气就可以让它扶摇直上遥不可及。

但是，不是。

马齿苋种子的千粒重只有0.13克，有一些寄生植物的种子更细小，100万粒这样的种子聚集在一起，才仅仅有几克重。

然而就是在这样微小的身躯内，却蕴藏着巨大的潜在生命力。一旦时机成熟，它们就毫不迟疑地携带着母本的基因特征，再造一座生命的城池。

种子多半是朴素的，像相思豆那样艳丽妖娆的种子，可算是异类。

它们绝大部分是褐色和黑色的，可能为了和大地母亲保持一致，更容易隐身，而不易被天敌发现。它们的表面有些光滑发亮，有些暗淡粗糙，大约是和它们的传播方式有关。那些需要远走高飞的种子，会长出翅膀啊冠毛啊，那些为保护自己的种子，干脆配备了刺或是芒，简直就是胎里带来的矛和盾，例如美丽的玫瑰果和卓尔不群的苍耳。海椰子十年磨一剑，精心养护自己的每一粒子嗣，但许多一年生的杂草，靠的则是以量大取胜。它们笃信东方不亮西方亮的草莽道理，坚持广种薄收也获得了生生不息。

种子最可贵的地方，是它们的等待，甚至说是忍耐。

1918年初夏，孙中山先生把辽东半岛普兰店出土的四粒古莲子带到日本，日本古生物学家大贺一郎用植物生理学方法推算出，这些古莲子的寿命已在千年以上。经苦心培育，古莲子生根发芽，开出了美丽的花朵。1952年，我国科学家们又从辽宁省普兰店东五里处新金县普兰店的洼地的泥炭层中，挖掘出这种古莲子。经中国科学院考古研究所的专家测定，这些古莲子的寿命约在930～1250岁之间。

科学家们开展了一系列实验，希望古莲子发芽。到了1953年，他们将古莲子已浸泡了20个月之久，古莲子却大智若愚地沉默着，喑哑无声。科学家们冥思苦想，将古莲子的外壳钻上一个小洞，将古莲子的两头磨短1～2毫米，再进行培养。奇迹出现了，96%的千年古莲子抽出了嫩绿的芽子。后来，沈阳、北京、河北等地，也都曾找到距今一两千年的古莲子，经过科学家们的精心培植，也绚丽盛开。

我迫不及待地找到古莲子盛开的图片。第一个感觉是——太失望啦！毫无二致的粉红花，一丝不苟的团团叶儿，居然和现代莲花一模一样。千年的时光，只如同一场初夏的细雨，水珠顺着莲叶流淌而过，之后一切如故。

细细想想，又为古莲子的这般坚守啧啧称奇。1000多年前啊，该是金秋时节，古莲子成熟了。不知因为何种变故，它们在千年前失散，只得兵分两路。一彪人马沉入黑暗之中，被厚重的泥炭掩埋，从此暗无天日。它们无声无息地潜伏着，静候着重出江湖的那一天。

另一彪人马完成生死轮回，第二年夏天依然在太阳下盛放。它们一年一代地走着发芽开花结子的宿命，亦步亦趋地传承着生命的密码。种子们分手了一千年，虽然境遇大不相同，但每一粒种子都恪尽职守。千年的时光，沧海桑田多少辗转，斗转星移多少巨变。唯有种子们坚贞不屈地守候着，无论地下人间。1000年过去了，它们重逢的那一天，以同样的绿叶相互招手，以同样的盛莲颔首问候。千年不过转瞬，时光只是打了个小盹的午觉。它们如此惟妙惟肖，同样千年不凋。

在一切都这样易碎、易变、转瞬成灰不堪一击的现代，在一次性物件愈演

愈烈，大有从筷子纸巾蔓延到精神领域的同时，种子给我们的启示，不仅是活着，而且是在任何艰窘情况下始终如一对品行的值守。

种子是值得尊敬的，不由得想到爱情也应该是一颗不死的种子。它可以被埋藏，但时间无法更改它的基因，只会让它历久弥新。

关于爱的奇谈怪论

爱是人们常常谈论的话题，因为在空气、水分、食物和安全之后，就是我们的爱了。其实世界上的万物，都间接直接地与爱有关。比如安全这一问题，表面上看来是对环境的要求，其实是一种爱的必须。一个丝毫感觉不到爱的人，就是行尸走肉，安全不安全的，他不会在意。只有在爱中，才感觉自己是有价值，是值得保护值得珍惜和期待今后有良好发展的。一个丧失了安全感的人，也无法自发地爱自己和爱世界。再比如人际关系，更是爱的浓缩和放大。难以设想，一个不爱他人的人，会有广博的朋友圈和良好的社会关系。当然，他的身旁可能会聚集着一些人，但那不是心灵的需要，只是利益的驱使。谈到自我实现，更是爱的高级阶段。因为你的爱，超越了一己的范畴，才能扩展到更广阔的人和事物。在这种升腾与弥散的过程中，爱变成一种柔和的光芒，从一个核心的晶体稳定地散发着，把热度和色彩，播扬到远方。

人们议论起爱的时候，常常有许多混淆和迷乱的地方。爱成了一个花脸，大家都随心所欲地涂抹着它的面孔，把自制的油彩敷在它的嘴角和眉梢，爱于是变得面目诡谲和莫测起来。有一些流传很广的说法，不妨讨论。

其一：爱和年龄有关吗?

关于这一点，人们通常不说，不写，不交流，但却彼此心照不宣。那潜台词的意思是——只有年轻人才享有充沛富饶的爱意，它的浓度随着年龄的增长而逐步递减，从高耸的爱之山峰萎缩至贫瘠的荒原。由于这一假设的存在，年轻人因此而沾沾自喜，觉得自己彷佛享有一个爱的太平洋，可以不加计算地挥霍爱意。上了年龄的人则很气馁，当谈到爱的时候，很有一些王顾左右而言他的窘迫。爱的门扉像一间到了下班时间的商场的大门，缓缓关闭。店员们戴着疲惫的笑容在重复着“谢谢光临”，暗地里巴不得你赶紧退场。你也花光了所有的积蓄，即使别人不翻白眼，自己也无颜再耽搁，只有缩起脖子夹着尾巴却步抽身，才是明智之举。

爱似乎成了年轻人的专利，或者只有他们才有深入探讨的必要。当人们说到中年或老年人的爱意时，会扭扭捏捏地觉得那是一种爱的残次品，不那么正宗，不那么地道。比如在形容青年以上有把年纪的人的爱情时，基本不会用“火热”这个词，而只以“温馨”替代。毋容置疑，温馨比火热的温度，要差着好几个数量级呢。

在人们约定俗成的看法中，爱是有年龄限制的。它大量地存在于生命旺盛的青少年，而较少地分泌于生命渐趋平稳和衰落的成熟期和晚期。

这岂止是谬误的，首先是奇怪的。它把爱这种密切属于人类的高等和神圣的感情，简化到相当于睾丸素、黄体酮之类内在的荷尔蒙分泌物和诸如皱纹和胡须这种简单的外在指标了。

这必然首先牵涉到爱是一种生理现象还是一种精神现象?

持年轻就拥有更多爱意看法之人，其实是把爱定位在激素特别是性激素的产量上了。如果这样来看，年轻人是一定会把老年人打败。但不幸或者是有幸的是，爱是一种精神的状态，是一种需要不断修炼和提高的艺术，是一种积累经验审视自我的完善过程。因此，爱是和年龄无关的。

证据就是，爱可以在年轻人那里发生，也可以在老年人那里发生。从有人类以来的无数故事和历史可以证明，爱不是年龄的产品，它是心灵的能力。

其二：爱和对象有关

中国有一句俗语，现在被人用得越来越多了，那就是——遇人不淑。原来是女人专用词组，如今也常常听到被抛弃和耍弄的男人长吁短叹吟诵此词。爱错了人的惨剧，古往今来，总是屡屡发生。人们在唏嘘之余，总是悲叹那薄命女子痴情汉，怎么不把眼睛拭亮，偏偏遇到了不该爱不能爱的人，糊里糊涂地就爱上了，且爱的水深火热？！

于是顺理成章地归纳出：在此情此景中，爱是没有过错的，错的是那爱的对象，不能承接爱，不能感悟爱，不配得到爱……总之一句话——所爱非人。不是有一首很有名的歌吗，叫作“爱上了一个不该爱的人”……

这就很有一点讨论的必要了。

爱在这场悲剧中，似乎是孤立的一盆水，可以从楼台上闭着眼睛，泼到任何一个人的头上，凭的是冥冥之中的概率。和那个施爱的泼者是没有关系的。甚至有更可怕的论调：爱是盲目的，爱是碰运气，爱是不可知不可测的，爱是没有规律的……

爱在这里蒙上了宿命和蛮不讲理的色彩。被妖魔化了之后，它躲在命运的山洞里，伺机以画皮的模样谋害我们。

用这种少数人的愚蠢所导致的爱之失利，嫁祸于爱的清白之躯，是不公平和不正派的。

爱是正常心智的明媚选择，它积聚了一个人的精神能量和所有的素养智慧，是“综合人力”的体现（我这个自造的词儿，想模仿综合国力的意思）。它首先表现在施爱者是有力量和有眼光的。如果你根本没有爱的能力，好比压根儿就不会游泳，误入爱的海洋，被淹得两眼翻白，甚至有生命危险，这可不是海水的过错，是你自己昏了头脑。根本就是你的责任，怎么能迁怒于一望无际波澜壮阔的大海呢？人们对自然界很宽宏大量，为什么就对与我们休戚与共的爱，如此苛求相逼呢？这后面是否掩藏着人类对自己无能的宽纵和对情感的放任呢？

爱错了，责任在你。不但说明你的眼睛不亮，视力散光，聚焦不准，证明你压根儿就不懂得什么是爱。灾祸发生之后，搞清楚责任，是一件很痛苦和扫兴的事情，特别是枝蔓生长得一败涂地，要挖掘出最初那悲惨的种子，原来竟是自己亲手播种，情何以堪！特别是当灾异已显出狞恶之相时，自己非但没有亡羊补牢斩草除根，反倒以血饲虎姑息养奸以致贻害无穷……审判自己需要极大的勇气和力量。甚至可以武断一些地说，这类悲剧事件的主人公就对爱的理解，颇多肤浅偏颇。他们气定神闲的时候，都不能指望明智与清醒，当危机倒海翻江而来的时候，期待他们能有很好的自省力度，几近奢望。每逢看到电视里播出此类误入歧途的男女，要么杀人，要么自残……看着他们漠然的眼神，方明白悲剧早已注定。我笃信，不幸的废墟，如果妥加发掘，一定会找到几件青铜器，上面刻有宝贵的铭文。有时，幸福这个老师，和颜悦色地传授给你的学问，绝对逊色于灾难声色俱厉的鞭挞。可惜的是，最常见的是浑身伤痕的爱之败阵者，怨天尤人地呓语着，骂遍了天下人，单单饶过了自己。

我很想煞风景地提醒一下善良的人们，包括男女闺蜜们，对爱之败将，如果他或她没有对自身的深刻反思和批判，在交了一笔昂贵的学费后，学会的只是指责怨恨，那么，无论他或她显出多么楚楚可怜的模样，你可以帮助以金钱，切勿盲目同情。不要无谓地逗笑，不要忙着介绍新的对象与之相识，想靠新欢来稀释痛苦。可怜之人必有可恶之处，在没有深刻反思之前，敦促他们学习才是第一等重要的事。

爱的主导方面，不是在被爱的对象，而在于施爱的主体。爱是建筑在沉冷峻严判断之上的美丽楼阁。当你在人世间学习种种科学知识的同时，还需不断积累对于爱的思索和实践。要善于总结经验。如果不把心思的光圈聚焦在自己对于爱的理解上，只在大千世界懵懵懂懂地碰运气，受了伤就消极发怨气，最拿手的就是哭诉和诅咒再加上推卸责任，那就走入了一个怪圈。你受的伤就是双份的，不但要承接来自他人的情感重创，还丢失了以后避开类似伤害能够亡羊补牢的篱笆。

很多人以为，只要成功地找到了一个可爱的人，爱就如霍乱病菌一般，自动地以几何数量级地滋生起来，剩下的事，就是不断收获爱的果实了。爱最主要的保险杠就是寻找的过程。找对了，就一好百好，找错了，就一了百了。是一件虎头蛇尾的事，成败仅仅维系在开端部分。

于是，找到那爱的对象就成了千钧一发生死未卜的事件。此事一完成，就马放南山，刀枪入库，只剩下等着岁月这个发牌员，验证我们当初押下的签了。

爱是一时一事还是一生一世？

爱是一锤定音还是守护白头？

爱是一失足成千古恨还是勤勉呵护日积月累？

爱是变数还是常数？爱是概率还是守恒？

……

你的爱情等待你的看法。你的爱情验证你的看法。你能够有什么样的爱情观，你就有什么样的爱情。你的观念就是你的命运。

原谅我说得这般决绝甚至带有一点霸道。因为它实在并不复杂。引发悲惨结局的肇事者，常常不是对未知事物的判断，而是对常识的藐视和忽略。

爱情没有快译通

我和一位朋友做过一个游戏，很有趣。很多朋友说也想做，好啊，我希望大家都有机会参与，别看我们都已是成人，其实每个人心底都埋着一颗喜爱玩耍的种子。我先来讲一讲规则，所有的游戏都是有规则的，要想玩得好，就得守纪律，要不就乱了套了。

那规则就是——找一张白纸，写上你的一个常常出现的情绪，比如说——愤怒、怀念，孤独、忧郁等等。哦，看到这里，你可能要说，都是让人懊丧的情绪啊？正面的可不可以写呢？当然可以啦，比方高兴、喜悦、慈爱、关切等等，都可以。

好了，现在你已写好了自己的想法。把那张藏着你的秘密的纸条对折，然后让它安安稳稳地平躺在桌上，一副大智若愚的模样，暂时谁也不让看。

此刻它就像一条沉睡的蚕宝宝，一动不动地安眠着，只有到了揭开谜底的时分，才带着长长的思绪，飞出美丽的白蛾。

然后你找一个人，最好是对你比较了解，你把他或她当作知心朋友的人。你对他或她说，此刻，我正被一种情绪缠绕着，满心念叨的都是它。现在，请你看着我，猜猜看，那是一种什么思绪？

他或她肯定会说，我又不是你肚子里的虫，我怎么会知道？

你说，别急啊，我会给你线索，这就是我的表情。平日当我被这种情绪笼罩的时候，我就做出这副模样，你来猜一猜。

说完以上的话以后，你就坐到他对面(为了叙述方便，我就不论男女，都用“他”字了)，最好找一个光线明媚的地方，让你的一颦一笑，都让他尽收眼底。好啦，现在你心里默念着刚才写在纸上的字，脸上做出你沉浸在这种思绪中时相对应的表情，也可以辅助肢体语言。比如，你平日愁苦的时候，蛾眉紧锁，杏眼低垂，再加上托着腮帮子，耷拉着头……总之，不要刻意表演，但要做得到位。越自然，越真实，越像生活中的你越好。

你保持如此的表情和姿势一分钟后，就可以恢复常态了。然后请你的朋友说出，刚才你在想什么？

他或许会沉默，会思索，会疑惑……注意啊，你一定要有足够的耐心，并且要有克制力。不可提示，不可启发，不可诱导。否则，咱们就前功尽弃啦。

依我和朋友玩过多次的经验，此时绝大多数的被试者会沉思良久，好像他

们面对的不是一个朝夕相处耳濡目染的大活人，而是恐龙什么的，然后久久不吭声。最后在大家都等得不耐烦之时，迟迟疑疑地吐出一个词，说："可能是苦闷……要不然就是孤单……不对，很像是抱怨……"等等没把握的自语。然后就忙不迭地打开桌上的纸条。一看之下，半晌不语。因为那答案和他的猜测往往风马牛不相及。

比如一个美丽的女孩子，做出眺望远方的模样。她的男友猜测——你是在想家！想父母！她呸了一声说，糊涂虫，我是在想你！男友说，我不就在你身边吗？当你出现这种神态的时候，我总是吓得屏气息声，不敢打破沉默。我不知道自己哪点没有做好，惹得你不满意，你才如此凄楚地思念他人……女孩子说，你怎么会这么笨呢？你既然爱我，就该懂得我的心。男孩子说，爱，只能解决一部分问题，并不能解决所有的问题。该说的你还得说出来，沉默不是金，是土是空气。女孩子说，我像革命先烈一样，我就是不说，我非要你猜。猜得出来我就嫁你，猜不出来，我就离开你……男孩子就愁眉苦脸地说，如果今后的几十年，天天都在灯谜和哑语中生活，累不累啊？！

另一个男子汉眼睛特别大。他做出第一个表情的时候，看着那铜铃一般圆睁的双眸，大家异口同声地说，噢，你在愤怒！

他一脸失望地说，才不是呢。好了，这个不算，我再做一次。他做出的第二个表情，又是如法炮制，瞪起双眼。大家稍微犹豫了一下，还是口径一致地说，你在发火！

他不甘心，又来了第三次。这一次的结果就更令人惆怅了。大家没精打采地说，你换个新内容让我们也好抖擞精神，干嘛又做出打架的样子？！

男子汉后来沮丧地告知我们：他的纸条上，第一次写下的是"幸福"，第二次写下的是"喜爱"，第三次写下的是——"慈祥"！

你肯定要说，差得这般十万八千里，我才不信呢！你一定是没选好对象，或者是围观的人智商弱爆，才如此指鹿为马。

我一点也不生气你的这种指责，我很希望你能亲自试一试。找自己最亲爱的人，最好。假如能百发百中地猜对，那真是人间少有的幸福伴侣。

我耐心地等待着你的试验……怎么样？做完了吧？你不仅仅做了一次，而是做了许多次。桌上的纸条叠起又打开，打开又写下，好像一只只暮色苍茫中归巢后又被驱赶而出的信鸽。你很希望能打破我的预言，但你做完后，长久地沉默不语。你为什么还透出淡淡的忧伤？你的手指把纸条撕成一缕缕，任它飘荡，好似破碎的旧棉花。

是的，真正的现实就是这般冷静而毫无商榷。最厚重的隔膜，不在天涯海角，就在咫尺之遥。在你以为肌肤相亲的帷幔当中，横亘着无法穿越的海峡。

科学技术是越来越发达了，但迄今没有一种仪器，可以测量出人类情感的进行状态，可以预计出人的情绪指数。当我们能够探知遥远星球的一次轻微地震的时候，我们不知道自己的同床伴侣，是否辗转反侧。爱情没有快译通，心灵的交流如此细腻朦胧。当我们以为自己洞察他人心扉的时候，其实往往隔靴搔痒，南辕北辙。

不要怨天尤人，不要动不动就上纲到爱与不爱。爱不是万能钥匙，爱不能在每一个瞬间都势如破竹，摧枯拉朽。爱无法破译人间所有的符码，爱纵是金属，也会有局限和疲劳。增进了解可以加固爱，误会错怪可以动摇爱，这是我们每个人都曾有过的体验。

隔膜往往是双层的。当我们无法正确表达的时候，我们首先就失却了被人悟知的前提。所以，训练我们明快简捷准确平和的表达能力，是人生的重要课题。不要以为说出自己的心思是一件很简单的事情，在很多的时候，我们先是不敢说，再之是不肯说，然后是不屑说，最后就成了不会说。当我们幼小卑微的时候，我们没有勇气说。当我们悲哀苦闷的时候，我们被文化的传统训导为不可说，说了就暴露了自己懦弱，说了就是渺小。当我们痛苦的时候，我们以为不当说，说了就遭人耻笑。当我们孤独的时候，我们想说却无人倾听，时间久了，已想不起说。

其实，一个人的坚强与否，不在于他是否说出自己的苦难，而在于他如何战胜自己的苦难。说的本身，也是一种描述和正视。当我们能够直视令人痛楚的症结时，力量也就随之产生。

既不夸大，也不缩小；既不言过其实，也不矫饰虚掩。直面惨淡的人生，逼视淋漓的鲜血，该是人生勇敢和智慧的大境界。

其次我们要会听。有人说，听谁还不会啊，是个人都带着自己的耳朵，想不听都办不到呢！

了解和交流，在于两颗心的同一律动，在于你深深地明了对方向你描述的真谛。从这个意义上说来，“会听”，也是人生另一番需要修炼的深远功夫。坦诚说出自己的感受，即便艰难，好歹还有自我的内心世界可以参照，只需勇气和描述的技术，基本上就能大致完成。但听的功力，除了有一双好耳朵，还需要有一颗擦拭干净不畸形不变异的心。如果自心是哈哈镜，把人家的话听得变了形，那责任就不在说者，而在听者。

会听的心，要有大的空间，除了容纳自身，还能悦纳他人。会听的心，要有对人的真诚，因为听的那一刻，你将把心灵至尊的位置，让给了那个说话的人。一颗会聆听的心，是柔软和温暖的，让人感到毛茸茸的温馨。会听的心，也是坚强的，因为它信任自己有坚定顽强的意志，不会在对方袭来的痛苦之中摇摆淹没……

这些年，心血管病多发。有一个可以救命的外科手术，叫做“心脏搭桥”，说的是在堵塞了血管的心脏上，再造一条新的流畅的脉路，让新鲜的充足的血液，流入衰弱的心脏。我很喜欢这个手术的名称，借来一用。我们除了在自己的心脏上搭桥，也需要在不同的心脏之间搭桥，以传达我们彼此间的温情和友谊。

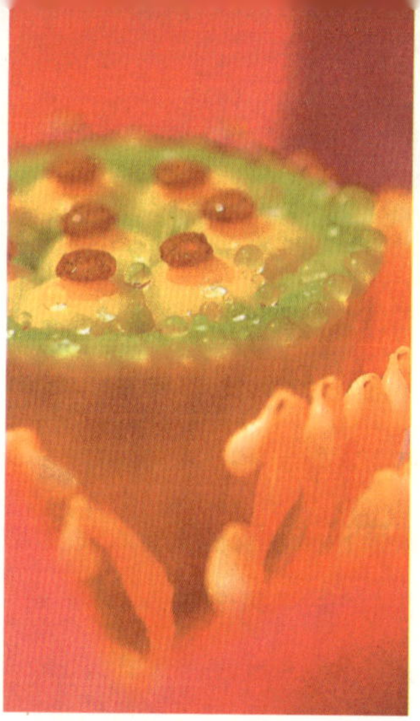

虾红色情书

朋友说她的女儿要找我聊聊。我说，我——很忙很忙。朋友说她女儿的事——很重要重要重要。结果，两个“忙”字，在三个“重”字面前败下阵来。于是，我约她的女儿若榉，某天下午在茶艺馆见面。

我见过若榉，那时她刚上高中，清瘦的一个女孩。现在，她大学毕业了，在一家电脑公司工作。虽说女大十八变，但我想，认出她该不成问题。我给她的外形打了提前量，无非是高了，丰满了，大模样总是不改的。

当我见到若榉之后，几分钟之内，用了大气力保持自己面部肌肉的稳定，令它们不要因为惊奇而显出受了惊吓的惨相。其实，若榉的五官并没有大的变化，身高也不见拔起，或许因为减肥，比以前还要单薄。吓倒我的是她的头发，浮层是樱粉色，其下是姜黄色的，被剪子残酷地切削得短而碎，从天灵盖中央纷披下来，像一种奇怪的植被，遮住眼帘和耳朵。以至我在很长一段时间内，觉得自己是在与一只鸡毛掸子对话。

落座。点了茶，谢绝了茶小姐对茶具和茶道的殷勤演示。正值午后，茶馆里人影稀疏，暗香浮动。我说，这里环境挺好的，适宜说悄悄话。

她笑了，是骨子里很单纯的表面却要显得很沧桑的那种。她说，到酒吧去更合适。茶馆，只适合遗老遗少们灌肠子。

我说，酒吧，可惜吵了点。下次吧。

若樨说，毕阿姨，你见了我这副样子，咱们还有下次吗？你为什么不对我的头发发表意见？你明明很在意，却要装出毫不在意的样子。我最讨厌大人们的虚伪了。

我看着若樨，知道了朋友为何急如星火。像若樨这般青年，正是充满愤怒的年纪。野草似的怨恨，壅塞着他们的肺腑，反叛的锋芒从喉管探出，句句口吐荆棘。

我笑笑说，若樨，你太着急了。我马上就要说到你的头发，可惜你还没给我时间。这里的环境明明很雅致，人之常情夸一句，你就偏要逆着说它不好。我回应，说那么下次我们到酒吧去，你又一口咬定没有下次了。你尚不曾给我机会发表意见，却指责我虚伪，你不觉得这项帽子重了些吗？若樨，有一点我不明白，恳请你告知，我不晓得是你想和我谈话，还是你妈妈要你和我谈话？

若樨的戾气收敛了少许，说，这有什么不同吗？反正您得拿出时间，反正我得见您，反正我们已经坐进了这间茶馆。

我说，有关系。关系大了。你很忙，我没你忙，可也不是个闲人。如果你不愿谈话，那我们马上就离开这里。

若樨挥手说，别别！毕阿姨。是我想和您谈，央告了妈妈请您。可我怕您指责我，所以，我就先下手为强了。

我说，我不怪你。人有的时候，会这样的。我猜，你的父母在家里同你谈话的时候，经常是以指责来当开场白。所以，当你不知如何开始谈话的时候，你父母和你的谈话模式就跳出来，强烈地影响着你的态度，你不由自主地模仿他们。在你，甚至以为这是一种最好的开头方法，是特别的亲热和信任呢！

若樨一下子就活跃起来，说，毕阿姨，您真说到我心里去了。其实，您这么快地和我约了时间聊天，我可高兴了。可我不知和您说什么好，我怕您看不起我。我想您要是不喜欢我，我干吗自讨其辱呢？索性，拉倒！我想尽量装得老练一些，这样，咱们才能比较平等了。

我说，若椰，你真有趣。你想要平等，但却从指责别人入手，这就不仅事倍功半，简直是南辕北辙了。

若椰说，我知道了，下回，我想要什么，就直截了当地去争取。毕阿姨，我现在想要异性的爱情。您说怎么办呢？

我说，若椰啊，说你聪明，还真是聪明，一下子就悟到了点上。不过，你想要爱情，找毕阿姨谈可没用，得和一个你爱他、他也爱你的男子谈，才是正途。

若椰脸上的笑容风卷残云般地逝去了，一派茫然，说，这就是我找您的本意。我不知道他爱不爱我，我更不知道自己爱不爱他。

若椰说着，从皮夹子里，拿出了一张折叠得整整齐齐的纸，递给我。

我原以为是一个男子的照片，不想打开一看，是淡蓝色的笺纸，少男少女常用的那种，有奇怪的气息散出。字是虾红色的，好像是用毛笔写的，笔锋很涩。

这是一封给你的情书。我看了，合适吗？读了开头火辣辣的称呼之后，我用手拂着笺纸说。

我要同您商量的就是这封情书。它是用血写成的。

我悚然惊了一下，手下的那些字，变得灼热而凸起，仿佛烧红的铁丝弯成。我屏气仔细看下去……

情书文采斐然，述说自己不幸的童年，从文中可以看出，他是若椰同校不同系的学友，在某个时辰遇到了若椰，感到这是天大的缘分。但他长久地不敢表露，怕自己配不上若椰，惨遭拒绝。毕业后他有了一份尊贵的工作，想来可以给若椰以安宁和体面，他们就熟识了。在若即若离的一段交往之后，他发现若椰在迟疑，他很不安，为了向若椰求婚，他特以血为墨，发誓一生珍爱这份姻缘。

“人的地位是可以变的，所以，我不以地位向你求婚。人的财富是可以变的，所以我也不以财富向你求婚。人的容貌也是可以变的，所以我也不以外表向你求婚。唯有人的血液是不变的，不变的红，不变的烫，从我出生，它就灌溉着我，这血里有我的尊严和勇气。所以，我以我血写下我的婚约。如果你不答应，你会看到更多的血涌出……如果你拒绝，我的血就在那一瞬永远凝结……”

我恍然悟出刚才那股奇特的味道，原来是笺上的香气混合了血的铁腥。

你现在感觉如何？我问若樨。并将虾红色的情书依旧叠好，将那一颗骚动的男人之心，暂时地囚禁在薄薄的纸中。

我很害怕……我对这个人摸不着头脑，忽冷忽热的……可心里又很有几分感动。血写的情书，不是每个女孩子都有这份幸运的。看到一个很英俊的男孩，肯为你流出鲜血，心里还是蛮受用的。我把这份血书给好几个女朋友看

了，她们都很羡慕我的。毕竟，这个年头，愿意以血求婚的男人，是太少了。

若樨说着，腮上出现了轻浅的红润。看来，她很有些动心了。

我沉吟了半晌。然后，字斟句酌地说，若樨，感谢你信任我，把这么私密的事告诉我。我想知道你看到血书后的第一感觉。

若樨说，……是……恐惧……

我问，你怕的是什么？

若樨说，我怕的是一个男人，动不动就把自己的血喷溅出来，将来过日子，谁知会发生什么事？

我说，若樨，你想得长远，这很好。婚姻不是一朝一夕的事情。每个女孩披上嫁衣的时候，一定期冀和新郎白头偕老。为了离婚而结婚的女人，不是没有，但那是阴谋，另当别论。若樨，除了害怕，当你面对另一个人鲜血的时候，还有什么情绪？

若樨沉入到当时的情景当中，我看到她长长的睫毛在疾速地眨动，那是心旌动荡的标识。

我感到一种逼迫，一种不安全。我无法平静，觉得他以自己的血要挟我……我想逃走……若樨喃喃地说。

我看着若樨，知道她在痛苦的思索和抉择当中犹疑。毕竟，那个男孩迫切地需要得到若樨的爱，我一点都不怀疑他的渴望。但是，爱情绝不是单一的狙击，爱是一种温润恒远。他用伤害自己的身体，来试图达到自己的目的，如果一朝得逞，我想他绝不会就此放弃此招。人，或者说高级的动物，是会形成条件反射的。当一个人知道用自残的方式，可以胁迫他人按照自己的意志行事的时候，他会受到激励。

很多人以为，一个人的缺点，会在他或她结婚之后，自动消失。我觉得如果不说这是自欺欺人，也是一厢情愿。依我的经验，所有的缺陷，都会在婚姻之后变本加厉地发作。婚姻是一面放大镜，既会放大我们的优点，也毫不留情地放大我们的缺点。因为婚姻是那样的赤裸和无所顾忌，所有的遮挡和礼貌，都会在长久的厮磨中褪色，露出天性粗糙的底相。

……也许，我可以帮助他……若樨悄声说，声音很不确定，如同冷秋的蝉鸣。

我说，当然，可以。不过，你可有这份力量？他在操纵你，你可有反操纵的信心？我们不妨设想得极端一些，假如你们终成眷属，有一天，你受不了，想结束这段婚姻。他不再以血相逼，升级了，干脆说，如果你要离开我，我就把一只胳膊卸下来，或者自戕……到那时，你又该如何应对呢？如果你说，你有足够的准备承接危局，我以为你可以斗胆前行。如若不是……

若樨打断了我的话，说，毕阿姨，您不要再说下去了。我外表虽然反叛，但内心里却很柔弱。我没有办法改变他，和他在一起的时候，我很不安全。我不知道在下一分钟他会怎样，我是他手中的玩偶。

那天我们又谈了很久，直到沏出的茶如同白水。分手的时候，若樨说，您还没有评说我的头发。

我抚摸着她的头，在樱粉和姜黄色的底部，发根已长出漆黑的新发。我说，你的发质很好，我喜欢所有本色的东西。如果你觉得这种五花八门的颜色好，自然也无妨。这是你的自由。

若樨说，这种头发，可以显示我的个性和自由。

我说，头发就是头发，它们不负责承担思想。真正的个性和自由，是头发里面包裹着的大脑的事，你能够把神经染上颜色吗？

修补爱情

东西用得久了，便会磨损。小到一双鞋子，大到整个天空，于是诞生了修补这个行当。从业人员从街头古朴的老鞋匠，到谁都未曾谋面的一位叫做女娲的神仙。

只有珍贵的东西，才需要修补。我们不会修补一次性的筷子和菲薄的面巾纸，但若损坏的是一双象牙筷子和一幅名贵字画，再如是家传的珍宝和友人的馈赠，那就大不一样了。你会焦灼地打探哪里有技艺高超的工匠，为了让它们最大限度地恢复原貌，不惜殚精竭虑。

我们修补，是因为我们怀有深情。在那破损的物件的皱褶里，掩藏着岁月的经纬和激情的图案。那是情感之手留下的独一无二的指纹，只属于特定的人和特定的刹那。

考古人员修复文物，所费的精力，绝对大于再造一件新品。比如一个陶罐，掉了耳朵，破了边沿，漏了帮底，假若它是新出厂的，肯定扔在垃圾箱里，但在修复者眼里，它们是不可替代的唯一。于是绞尽脑汁，尽可能将它复原到完好如初。陶罐里盛着凝固的历史和永恒的时间。

修补是一个工程，需要大耐心，大勇气，大智慧。耐心是为了完成那旷日持久的精雕细刻，勇气是为了在漫长的修复过程中，坚定自己的信念和抵御他人的不屑。智慧是为了使原先的破损处，变得天衣无缝并修旧如旧。

人们常常担心修补过的器物，是否还有价值。也许在外观上会遗有痕迹，但在内在品质上，修补处该更具强韧的优势。听一位走街串巷的炉匠师傅说，锔过的碗，假如再摔于地，哪怕别处都碎成指甲盖大的茬子，但被锔钉箍过的磁片，依旧牢牢地拢在一起。

爱情是我们一生中最需要精心保养的器皿，它具备可资修补的一切要素。爱是珍贵的，爱是久远的，爱是有历史的，爱是浸透了情感的，爱是无价之宝。

爱情的修理工，不能假手他人，只能是我们自己。当我们签下爱情契约的时候，也随手填写了它的保修单。我们既是爱情的制造者，也是它的使用者和维修者。这种三合一的身份，使人自豪幸福，也使人尴尬操劳。爱情系统一旦出了故障，我们无法怨天尤人，只有痛定思痛地查找短路之处，更换零件，改善各种环境和条件……

古书上说，假如宝玉有了裂纹，可用锦缎包裹，肌肤相亲，昼夜不离身，如此三年。那美玉得了人的体温滋养，就会渐渐弥合，直至完美无缺，重新成为人间至宝。不知这补玉之法是否灵验？不妨尝试以此法修补爱情。将它郑重放进两颗胸膛，以血脉灌溉，以精神哺育，以意志坚持，以柔情陶冶，它定会枯木逢春，郁郁葱葱。

婚姻鞋

婚姻是一双鞋。

一只脚是男人，一只脚是女人，鞋把他们联结为相似又绝不相同的一双。从此，世人在人生的旅途上，看到的就不再是脚印，而是鞋印了。

婚姻鞋

婚姻是一双鞋。

先有了脚，然后才有了鞋。幼小的时候光着脚在地上走，感觉沙的温热，草的润凉，那种无拘无束的洒脱与快乐，一生中将我们从梦中反复唤醒。

走的路远了，便有了跋涉的痛苦。在炎热的沙漠地被炙得像鸵鸟一般奔跑，在深陷的沼泽被水蛭蜇出肿痛……

人生是一条无涯的路，于是人们创造了鞋。

穿鞋是为了赶路，但路上的千难万险，有时尚不如鞋中的一粒砂石令人感到难言的苦痛。

鞋，就成了文明人类祖祖辈辈流传的话题。

鞋可由各式各样的原料制成。最简陋的是一朵新鲜的芭蕉叶，最昂贵的是仙女留给灰姑娘的那只水晶鞋。

无论什么鞋，最重要的是合脚。不论什么样的姻缘，最美妙的是和谐。

切莫只贪图鞋的华贵，而委屈了自己的脚。别人看到的是鞋，自己感受到的是脚。脚比鞋重要，这是一条真理。许许多多的人却常常忘记。

我做过许多年医生，常给年轻的女孩子包脚。锋利的鞋帮将她们的脚踝砍得鲜血淋淋。缠上雪白的纱布，套好光洁的丝袜，她们袅袅婷婷地走了。但我知道，当翩翩起舞之时，也许会有人冷不防地抽搐嘴角，那是因为她的鞋。

看到过祖母的鞋，没有看到过祖母的脚。她从不让我们看她的脚，好像那是一件秽物。脚驮着我们站立行走，脚是无辜的，脚是功臣。丑恶的是那鞋，那是一副刑具，一套铸造畸形残害天性的模型。

每当我看到包办而蒙昧的婚姻，就想到了祖母的三寸金莲。

幼时我有一双美丽的红皮鞋，但鞋窝里潜伏着一只夹脚趾的“虫”。每当我不愿穿红皮鞋时，大人们总把手伸进去胡乱一探，然后说：“多么好的鞋，快穿上吧！”为了不穿这双鞋，我进行了一个孩子所能爆发的最激烈的反抗。我始终不明白：一双鞋好不好，为什么不是穿鞋的人具有最后的否决权？！

旁的人不要说三道四，假如你没有经历过那种婚姻。滑冰要穿冰鞋，雪地要穿雪靴。下雨要穿雨鞋，旅游要有运动鞋。大千世界，有无数种可供我们挑选的鞋，脚却只有一双。朋友，你可要慎重！

少时参加运动会，临赛的前一天，老师突然给我提来一双桔红色带钉跑鞋，祝愿我在田径比赛中如虎添翼。我褪下平日训练的白网鞋，穿上像桔皮一样柔软的跑鞋，心中的自信突然溜掉了。鞋钉将跑道锲出一溜齿痕，我觉得自己的脚被人换成了蹄子。我说我不穿跑鞋，所有的人都说我太傻。发令枪响了，我穿着跑鞋跑完全程。当我习惯性地挺起前胸，去冲撞冲刺线的时候，那根线早已像绶带似的悬挂在别人的胸前。

桔红色的跑鞋无罪，该负责任的是那些劝说我的人。世上有很多很好的鞋，但要看适不适合你的脚。在这里，所有的经验之谈都无济于事，你只需在半夜时分，倾听你脚的感觉。

看到那位赤着脚参加世界田径大赛的南非女子的风采，我报以会心一笑：没有鞋也一样能破世界纪录！脚会长，鞋却不变。于是鞋与脚，就成为一对永恒的矛盾。鞋与脚的力量，究竟谁的更大些？我想是脚。只见有磨穿了的鞋，没见有磨薄了的脚。鞋要束缚脚的时候，脚趾就要把鞋面挑开一个洞，到外面去凉快。

脚终有不长的时候，那就是我们开始成熟的年龄。认真地选择一种适宜自己的鞋吧！一只脚是男人，一只脚是女人，鞋把他们联结为相似而又绝不相同的一双。从此，世人在人生的旅途上，看到的就不再是脚印，而是鞋印了。

削足适履是一种愚人的残酷，郑人买履是一种智者的迂腐。步履维艰时，鞋与脚要精诚团结，平步青云时切不要将鞋儿抛弃……

当然，脚比鞋贵重。当鞋确实伤害了脚，我们不妨赤脚赶路！

成千上万的丈夫

有成千上万的男人，可能成为某个女人的好丈夫。

这句话，从一位作律师的女友嘴中，一字一顿地吐出时，坐在对面的我，几乎从椅子座上滑到地下。

别那么大惊小怪的。这话也可以反过来对男人说，有成千上万的女人，可以成为你们的好妻子。你知道我不是指人尽可夫的意思，教养和职业，都让我不会说出这类傻话。我是针对文学家常常在作品中鼓吹的那种“唯一”，才这样标新立异。女友望着窗外的夕阳，侃侃而谈。

没有唯一。唯一是骗人的。你往周围看看，什么是唯一？太阳吗？律师女友颀长的手指点点散射的光芒。

宇宙有无数只太阳，比它大的，比它亮的，恒河沙数。钻石吗？也许有一天我们会飞到一颗钻石组成的星球，连旱冰场都是钻石铺的。那种清澈透明的石块，原子结构很简单，更容易复制了，虽然现在的技术还不能制造大粒钻石，但总有一天会达到批量生产。指纹吗？指纹也有相同的，虽说从理论上讲，几十亿上百亿人当中，才有这种可能性。好在我们找丈夫不是找罪犯，不必如此精确。世上的很多事情，过度精确，必然有害。伴侣基本是一个模糊数学问题，该马虎的时候一定要马虎。

有一句名言很害人，叫作：每一片绿叶都不相同。我相信在科学家的电子显微镜下，叶子与叶子之间会有大区别，楚河汉界。但在一般人眼中，它们的确很相似。非要把基本相同的事物，看得大不相同，是神经过敏，故弄玄虚。在森林里，如果戴上显微镜片，去看高大的乔木，除了满眼惨绿，头晕目眩，无法掌握树林的全貌。不但无功而返，也许还会迷失方向，连回家的路都找不到了。

婚姻是一般人的普通问题，不要人为地把它搞复杂。合适做你丈夫的人，绝非前无古人后无来者的异数。就像我们是早已存在的普通女人，那些普通的男人，也已安稳地在地球上生活很多年了。我们不单单是一个人，更是一种类型，就像喜欢吃饺子的人，多半也热爱包子和馅饼。科学早就证明，洋葱和胡萝卜脾气相投，一定会成为好朋友。大豆和蓖麻天生和平共处。玫瑰和百合种在一处，彼此都花朵繁茂，枝叶青翠。但甘蓝和芹菜相克，彼此势不两立。丁香和水仙，更是水火不相容。郁金香干脆会致毋忘草于死地……如果你是玫瑰，只要清醒地坚定地寻找到百合种属中的一朵，你就基本获得了幸福。

当然了，某一类人的绝对数目虽然不少，但地球很大，人又都在走来走去，我们能否在特定的时辰，遭遇到特定的适宜伴侣，也并不是太乐观的事。

相信唯一，你就注定在茫茫人海东跌西撞寻寻觅觅，如同一叶扁舟想捕获一匹不知潜在何处的鳕鱼，等待你的是无数烦躁的黎明和失眠的月夜。

抱着拥有唯一的愿望不放，常常使女人生出组装男友和丈夫的念头。相貌是非常重要的筹码，自然列在前茅。再加上这一个学历高，那一个家庭好，另一个气度儒雅，还一个事业有成……女人恨不能将男人碎尸分解，剁下各自最优异的部分，由女人纤纤素手挑拣着各种零件，粘合成一个十全十美的新男人，该是多么惬意！

只可惜宇宙浩淼，到哪里寻找这样的胶水！

这种表面美好的幻想核心，是一团虚妄的雾霾在作祟。婚姻中自然天成的唯一佳侣，几乎是不存在的。许多婚礼上，我们看到天造地设的神仙配偶，分手的速度如同闪电。真正的金婚银婚，多是历久弥新的磨合与默契。

女人不要把一生的幸福，寄托在婚前对男性千挑万选的甄别中，以为选择就是一切。对了就万事大吉，错了就一败涂地。选择只是一次决定的机会，当然对了比错了好。但正确的选择只是良好的开端，即使航向对头，我们依然还会遭遇风暴。淡水没了，船橹漂走，风帆折了……种种危难如同暗礁，潜伏航道，随时可能颠覆小船。选择错了，不过是输了第一局。开局不利，当然令人懊恼，然而赛季还长，你可整装待发，蓄芳来年。只要赢得最终胜利，终是好棋手。

在我们人生旅途中，不得不常常进入出售败绩的商场。那里不由分说地把用华丽外衣包装的痛苦，强售给我们。这沉重惨痛的包袱，使人沮丧。于是出了店门，很多人动用遗忘之手，以最快速度把痛苦丢弃了。这是情绪的自我保护，无可厚非。但很可惜，买椟还珠，得不偿失。付出的是生命的金币，收获的只是情感垃圾。如果我们能够忍受住心灵的煎熬，细致地打开一层层包装，就会在痛苦的核心里，找到失败随机赠送的珍贵礼品——千金难买的经验和感悟。

如果执著地相信唯一，在苦苦寻找之后一无所获，或是得而复失，懊恼不已，你就拿到了一本储蓄痛苦的零存整取存单，随时都可能会有新进账，收入一栏里不断有数字翻飞。当它积攒到一笔相当大的数目，在某个枯寂的晚上，一古脑挤提出来，或许可以置你于死地。

即使选择非常幸运地与“唯一”靠的很近，也不可放任自流。“唯一”不是终生平安的保险单，是一株需要养护需要滋润需要施肥需要精心呵护的鲜活生物。没有比婚姻这种小动物，更需要营养和维生素的了。就像没有永远的敌人一样，也没有永远的爱人。爱人每一天都随新的太阳一同升起。越是情调丰富的爱情，越是易馊，好比鲜美的肉汤如果不天天烧开，便很快滋生杂菌以至腐败。

不要相信唯一。世上没有唯一的行当，只要勤劳敬业，有千千万万的职业适宜我们从事。世上没有唯一的恩人，只要善待他人，就有温暖的手在危难时刻慨然接应。世上没有唯一的机遇，只要做好准备，希望就会一次次顽强地莅临。世上没有唯一只能成为你的妻子或丈夫的人，只要有自知之明，找到相宜你的类型，天长日久真诚相爱，就会体验到相濡以沫的幸福。

女友讲完了，沉思笼罩在我们之间。我说，你的很多话让我茅塞顿开。但是……

但是……什么呢？直说好了。女友是个爽快人。

我说，是否因工作和爱人都不是你的唯一，所以才这般决绝？不管你怎样说，我依然相信世界上存在着“唯一”这种概率。如同举世无双的宝石，并不能因为我们自己不曾拥有，就否认它的宝贵。

女友笑了，说，一种概率若是稀少到近乎零的地步，我们何必抓住苦苦不放？世上有多少婚姻的苦难，是因追求缥缈的“唯一”而发生啊！对我们普通的男人和女人来说，抵制唯一，也许是通往快乐的小径。

飘扬的长发与人生的幸福

接到一封读者来信，是一个名牌大学的男生写来。他说恋爱过程连战累挫，女友抛弃了他，很痛苦，简直丧失了活下去的勇气。他问我拯救自己的方式是否马上进入下一场恋爱？以前的每一位女友都有飘逸的长发，都是一见钟情。他说，还要找一头长发的女孩，还要一见钟情。

通常的读者来信，我是不回的。总以为回报读者信任的最好方式，就是不断地写出新作品。但这一封，让我沉吟。他谈到了厌世和一个我不能同意的救赎自我的方法，我想对长发谈点看法。因为长发成了他绝望与新生的象征。

早年间，看到很多女孩留长发，司空见惯了，也不去寻找这后面所包含的信息。后来，我偶然发现一位已婚女友的发式常有变化，有时是长发，有时是短发。刚开始我以为这是她出于美观或是时尚的考虑，后来她告诉我这和她的婚姻状况有关。如果这一阶段她和丈夫关系不错，她就梳短发。如果关系很僵，她就留长发。我说，哦，我明白了，头发和爱情密切相关。她笑话我，说亏你还是个作家呢，难道不知头发是人的第三性征？

再后来，我发现她稳定地梳起了马尾巴。说实话，那一头飘扬的长发（她

的发质不错）和她满脸的鱼尾纹实在是有些不宜。好在我已明白了头发的意义，对她说，你是下定了离婚的决心，要重新寻找新的伴侣了。

她有些惊奇，说我还没来得及告诉你，你怎么就知道了？

我说你的头发出卖了你。她抚摸着头发说，这是爱情的护照。

从那以后，就对长发渐渐留意起来。

女性头发的样式，表示她的婚姻状况，这是一种集体无意识，已经深深地刻在我们的骨骼上了。女孩子为什么要留长发？首先因为一个人的头发，是一个很好的晴雨表，可以反映这个人的健康状况。在中医学里，称“发为血之余”。一个人的头发是否健康，表示着他的血脉是否丰沛充盈，生命力是否蓬勃旺盛。服饰可以调换，颜面可以化妆，但一个人的头发，是不能全面颠覆本质的。血自骨髓来，骨髓是一个人先天后天的精华之府。在骨髓的后面站着——我们的肾。“肾主骨生髓”，这才是头发的关键所在。众所周知，在东方人的文化中，“肾”并不仅仅是一个泌尿器官，而是和人的生殖系统有着极为密切的关系。

好了，现在我们已经逐渐抵到了问题的核心。头发在某种意义上，表达的是这个人“肾”的健康状况，也就是间接地反映着他或她的生殖潜能。当女子以为只是展示你飘扬的长发之时，其实是在展露你的健康史。

所以，一般说来，未婚和期望求偶的女子，爱留长发。如果一个未婚女孩梳个短发，大家就会说她像个“假小子”。比如歌曲“小芳”中唱到：“村里有个姑娘叫小芳……一双美丽的大眼睛，辫子粗又长。”注意，他回忆的除了眼睛之外，就是辫子了。至于在“姑娘我爱你”的歌词中，头发干脆凌驾于眼睛之上，成了“长长的头发黑黑的眼睛”。在“乌溜溜”当中，头发又成了思念的导火索——乌溜溜的头发长长的思念。这说明头发在回忆中有着非同小可的分量。而女子在结婚的时候，会把头发来一个改变。正如那首著名的歌曲中唱到的：“谁把你的长发盘起，谁为你穿上嫁衣？”到了失恋的时候，梁咏琪也跟头发过不去。“……我故意视而不见你外套上有她的发……我已剪短我的发剪断了牵挂，剪一地不被爱的分岔……”

头发担当如此大任，难怪如今，对女子头发的要求，越来越苛刻了。君不见某些品牌的洗发水广告，拍出的长发美女，那头发的长度已经到了一挂黑瀑的险恶境地。画面曲折表达的意思是——你想赢得性感高分吗？请向我看齐。飘逸到形销骨立的刘德华干脆说：我的梦中情人，有一头乌黑的长发。潜台词即是：你想成为著名偶像的梦中情人吗？此处有一个绝好的机会——请用我们这个牌子的洗发水吧！

这种要求大有全方位蔓延之势。比如男性歌手组合“F4”的走红，除了种种因素之外，我觉得和他们形象中的一统长发有相当的关联。不单男性需要知道女性的健康和性征资料，女性也有同样的要求。女性的潜在的平等诉求被察觉和被满足，于是F4蓬松长发油然而生助之一炮窜红。

不厌其烦地就头发讨论了半天，是想说明“性”这个因素，是仅次于“食”的人类基本本能之一，它的影响力不可低估。它在很多时候，渗入到我们生活的种种缝隙中，以“缘分”甚至是“思想”这类面孔闪亮登场。

再来说说一见钟情。我是医生出身，见过若干就“一见钟情”展开研究的生物学分析。说到本质上，那些神话般的相遇然后不可抑制的爱恋，很多时候不过是男女双方的体味在相互吸引，在生物学基础上表明基因的配型有着某种契合，还有免疫互补……童年经验也在润物细无声地影响着我们的择偶标准。不要把“一见钟情”说的那么神秘玄妙，那么不可思议的具有权威。我们不是生活在意识的真空里，很多以为虚无缥缈的事件背后，都存有我们今天还不能彻底通晓的遗传基础。

在我们以为是天作之合的帷幕下，有时蹲踞着的不过是人的本能这只老狐狸。我在这里绝没有鄙薄本能的意思，但作为主人，知道有乔装打扮的本能先生混在客人堆里一个劲儿地劝酒，杯觥交错时就要提防酩酊大醉，以防完全丧失了理智，被本能夺了嫡。

本能这个东西，很有意思。魔力就在于我们能否察觉它。它习惯在暗中出没，魔法无边。当我们被它辖制而不自知，它就是君临天下的主宰。但是，如果把它揪到光天化日之下，它就像雪人一样瘫软乏力。假设那位来信的男生，知道了他期望找到一位长发女友这一先入的标准，不过是要查询和检验一个女子的生殖系统潜能和最近若干时间以来的健康状况，那么，他在考虑长发因素的时候，可能就有了更多的角度和更宽容的把握。保不准在其他条件都具备的情况下，短发也可以。

本能是很会乔装打扮的，它不狡猾，没恶意，但它善变。能够识出它的种种变相，不仅要凭一己的经验，也要借助他人的心得和科学的研究。

如果有人现在对那个男生讲，你选择女友的标准只是看她如何性感，我猜他一定要反驳，说根本就不是那样浅薄。我们情投意合，我们非常默契。我要找到的就是和她在一起的这一份独特的感觉等等……

其实在婚姻这件事上，绝对的好或是绝对的坏，大约是没有或是极少的。有的只是常态，只是平衡，只是相宜。单凭某个孤立的条件来寻找爱人，多是不够成熟的表现。你是一个什么人，你可要先认清，才好去寻找一个和你匹配的人。我很喜欢一个词，叫做“志同道合”，人们常常以为这句话是指事业，我觉得赠与婚姻更妙。

有的年轻朋友会说，我找的是伴侣，火眼金睛地把对方认清了不就得了，干什么要先从自己开刀？

理由很简单。忠诚的人只能欣赏忠诚，而不可能欣赏背叛。诚恳的人只能接纳诚恳，而不能接纳谎言。慷慨的人可以忍受一时的小气，却不会喜欢长久的吝啬。怯懦的人可以伪装短暂的勇敢，却无法在无尽的折磨中从容。谁想用婚姻改造人，只是一个幻彩的泡沫，真实的结果只能是——人必然改造婚姻。

恋爱婚姻是一个寻找对方更是寻找自己的过程。你整个的价值观和思想体系，都在这种亲密无间的关系中，得以延伸和凸现，并且变本加厉。

如果你把金钱当作人生的要素，你就不要寻找一个侠肝义胆的爱人。因为你即使在危难中曾受惠于他，但那是他的禀性，而非对你的赞同。当有一天你祭起“金钱至上”的大旗，无论你怎样千姿百媚，还是挽不回壮士出走的决心。

如果你荆钗布裙安于寡淡，就不要寻找一个鸿鹄之志千里走单骑的爱人。即使你以非凡的预见知道他会直抵云天，也不要向这预见屈服，把自己的一生押了出去。否则他的翅膀上坠着你，他无法自在遨游，你也被高处的寒冷和稀薄的空气掠得胆战心惊。

俄罗斯总统普京的前夫人柳德米拉是安分守己的女子，而普京对政治非常热衷，多少年来，始终是俄罗斯政坛滚烫的心脏。当2008年普京第二个总统任期期满，开始担任总理时，柳德米拉就对丈夫的选择生气了。她搬到了自己的家乡圣彼得堡居住，留下普京一个人在莫斯科。柳德米拉喜欢无忧无虑的生活，不希望看到丈夫被政治所束缚。她曾和友人谈起：“普京如果有重新选择的机会，我会劝说他改变一种生活方式。”

柳德米拉高估了自己的力量，她无法改变普京，被改变的是他们的婚姻。

在婚姻中，如果你单纯以色相示人，就要准备在人老色衰的时候，被厌恶和抛弃。如果你喜欢夸夸其谈，你就等着被欺骗的结局吧。

物以类聚，人以群分。失恋男生喜欢长发和一见钟情，他就不断地被这些吸引。他把恋爱当成了一道算术题，当一个答案打上红叉的时候，他赶忙用橡皮擦掉笔迹，在毛糙的纸上写下另一个答案。殊不知他早已将题目抄错。

不要把长发当成唯一，一见钟情也没有什么神秘。我手头就有若干个例子，某些离散的婚姻，往往始于绚烂无缺的开端。比起开头来，人们更重视过程和结尾，这就是“创业难，守业更难”，这就是“成百里半九十”的涵义。

我在一个有鸟鸣的清晨给这位男生回信。因为我已心境沧桑，而对方是一位青年，人在清晨的时候心脉比较年轻。我说，不要把人生匆匆结束，不要把恋爱匆匆开始。你把一件事做完再做另一件事好吗？

他很快给我回了信，说不是我没有做完，而是事情已经被女友提前结束。我复信说，为了你一生的幸福，你要把爱的前提，好好掂量，为此花费一点时间是值得的。没想清楚之前，旧故事就不算真正结束。我明白你想用新鲜替代腐烂，想把新发丝粘结在旧发丝上让它随风飘扬……可你见过馊了的牛奶吗？如果你不把馊奶底渣倒掉，不把罐子刷洗干净，便把新牛奶倒进去，那么，只怕很快我们就又要捂起鼻子了……

他已经久未来信了。我不知他是生我的气了，还是已酝酿了清新的爱情？

剩女出嫁

现如今的剩女，多数是上个世纪70年代的产品，她们是时代列车的特殊乘客，前无古人，后无来者。容我大胆地预测一下，以后的年代，难得有这样大规模的剩女集团军了。因为这一代剩女，已经用自己的蹉跎经历，提示了未来整整100年内的中国女子，等待就是放弃，不能坐失良机。不信，你看看如今的征婚启示，刚刚20岁出头的小闺女，就在那里张罗着虚空的缘份和脚踏实地的有房有车比翼齐飞。

如果是一筐苹果，任人挑选，那么剩下的一定是皱烂有虫的酸果。如果是一座楼宇，尾房多半是朝向和风水上有着这样那样的纰漏。如果真是一点褶子都没有“尾”在那里，买家几乎要怀疑那是否是凶宅？反倒越发地不放心。总之，剩的就是坏的，几乎是铁律。

但是，剩女可不是这样，令人扼腕。她们往往是优秀而雅致的女子，学识高，钱多，容颜身材也多居上乘。

这就令人不解。众人不解，剩女们也不解。我们这样出类拔萃，为什么反倒嫁不出去？男人啊，你们真是集体雀盲了吗？

有人说，剩女不是时代或是他人造成的，剩女是她们自己造出来的。

其实剩女这传统，古而有之。

那些最美丽的女子，有些原本是悄然等着进宫的。她们怀揣着幽深梦想，期待有一天会守候在君王之侧，倘诞下龙子，就有可能贵为国母。那些稍逊一等的女子，等着被达官贵人或是公子王爷看中，步入深宅大院，或是红袖添香，或是作威作福。特别爱素净清心寡欲的女子，或因了种种的未如意，多半入了尼姑庵，后来又有了当修女这扇小门，从此便离人间远离天堂近了。靠出卖体力帮工过活的女子，就死心塌地当一辈子的管家或是女佣，也马马虎虎落得个轻手利脚温饱尚可。

现如今，这些个秀美女子的太平门，几乎都被堵死了。过去上等的姑娘是可以等的，好容貌好学识好脾气，如同香花一样在十里八乡传布，于是就有闻讯而来的媒人，为乡绅或是官吏等衣食丰饶之家来说亲。那时是可以三妻四妾的，那时的女人都活得短暂，因了生育或是疾病，往往早早就谢世了，于是候补上来的夫人，也有可能铺排出山花烂漫的日子。纵是自己有几腔苦水想倾倒，深宅大院的，也流淌不出来，便无人知晓。传播出去的还是好福气的名声。

如今的剩女们，还在苦心经营地等，健身啊练瑜伽啊学插花修食道兼旋习肚皮舞……却忘了一个冷酷现实——当你把自身修炼得珠圆玉润时分，那些最优等的男子，已被人捷足先登追求走了。记得哪位伟人说过，男子长期保持未婚状态，其实是有不忠和通奸的嫌疑。真正的好男子，极少长久孤身。不仅在事业上打拼超越，他们也是有道德和良知的。他们有好的体力，自然也有好的情欲，为什么不顺应天时呢？结了婚，过得自在，也不会轻易抛弃了结发的妻，娶回一个踌躇意满的剩女为孩儿的后娘。

偏偏现代的医学技术又突飞猛进地发展，人的平均寿命已经超过了70周岁，特别是城市的女子，干脆瞠目结舌地过了80这道大坎。这就让剩女们走入续弦预备队的可能性也大大地渺茫了。

剩女们初长成的时光，正是中国开放和发展风起云涌的时代。剩女们那一刻风华正茂，青翠欲滴。她们笃信时代不同了，男女都一样。她们认为只要自己有学识有力量，就可以逢山修路遇水架桥，有了本领就有了一切。却不想，古老的法则在择偶问题上那样僵化，朴朴素素仅一条——先下手为强，后下手遭殃。除了捷足先登，再无良方。现如今挥斥方遒的总裁和博士，那时还是潜伏很深的青涩小伙儿。峥嵘之角只是额头柔软的小凸起，一碰就破皮。

我的一位老朋友之千金，想向我咨询一下自己缘何成了剩女。我说，在咨询室之外，我不接受咨询的任务，尤其不接受熟人的咨询。那样，对我不好，对你更不好。

她叫青桦，说，对您不好，我可以明白。比如打扰您的休息啊，您说深说浅都不是啊，还有，您不好意思拿咨询费了。

我说，青桦你说得都不错，但最主要的是这违背了咨询的法则。咨询师和来访者，不能有双重关系。你到底是我的咨客呢？还是我的熟人？这个问题会困扰咨询师不能公正对待来访者。

青桦说，那您不能克服一下吗？

我说，不能啊，青桦。心理咨询师是人不是神，凡人所具有的弱点他都可能具有。咨询师必须遵守的所有规章守则，都是付出了沉重的代价甚至包括鲜血才换来的。这就像电工在维修电器之前，必须要保证电源是关闭状态。虽然简单，但违背即可能致命。

青桦说，好吧，我知道了不给熟人作咨询，是咨询师的守则。这样对咨询师不好，我已理解。您刚才还说这对来访者也不好，我却有点想不通。比如我找您咨询，我跟您熟，信任您，心里一点也不害怕不畏缩。这对于建立关系不是非常好的开端吗？

我说，青桦，你还挺懂行的。咨询是一个整体的过程，并不仅仅限于开头。照你说的，因为熟，所以你不怕我。这诚然不错，但进行下去，我所说的话你也可能因为熟悉，就置若罔闻。我没有法子维持咨询中应有的张力，也不能确保自己中立的态度。心理咨询师无法全心全意地帮助你成长，这不就是对来访者最大的不利吗？

青桦说，嗨！想不到因为我妈妈和您是朋友，我就没有机会找您咨询了。

我说，天下的好咨询师很多。我这就给你介绍几位。说着，我就开始书写其他咨询师的地址和电话。

青桦说，那如果我不是咨询，只是想从您是我妈妈好朋友的角度，听听您的意见，您可以说说吗？

我说，那当然可以。你不要把这当成是一次咨询，我也不把你当成来访者。咱们聊聊天。青桦啊，那你可就要听好了。

青桦说，哎呀，看您这样子，可比咨询时厉害多了吧？

我说，今天我的身份，就是你一阿姨。是从小看着你长大的长辈。我说的话，有可能不客气。你如果不乐意了，可以起身就走。

青桦说，好嘞，洗耳恭听。

我说，如果你不打算成家了，这是一个重大的决定。因为你不但要对抗世俗的眼光，你还要对抗自己的荷尔蒙。走一条和别人不同的路，和大多数人不同的路，这是一个峻厉的挑战。我希望这是你清醒成熟的主动选择，而不是一拖再拖，直到被动局面出现后留给自己的一个遁口。两者的结果看起来似乎差不多，都是一个女子从妙龄到白发苍苍，孤身走过一生，但实际上的感受会大不相同。

青桦说，我只是一个寻常女子，我还是希望按部就班地走完普通女人的一辈子。

我说，好。再来谈谈第二个——就是请你放下幻想，准备斗争。

青桦吓了一跳，说我和谁斗争啊？

我说，别这么紧张，和自己斗争。就是说，你对婚姻，不要抱有太多的梦想。它是一种亲密关系，没有血缘濡养的亲密关系。它比你以前经历过的所有事情都复杂，你要做好充分的心理准备。要有耐心和恒心，要有勇气和责任。

青桦笑起来说，这可真不像心理医生了，像我妈。我妈就这样说个不停。

我说，我不会说个不停，只说这一次。但这个世界上有什么紧要的好事情，不需要耐心恒心勇气和责任感呢？有些话，因为说得太多，就失去了新鲜感。但爱情和家庭都是很古老的东西了，你不要太期望新鲜，还是相信古老吧。

第三点，我说，那就是你要抓紧。记得有位伟人说过，抓而不紧，等于不抓。在婚姻这件事上，既然不打算独身到老，就要积极行动起来。

青桦说，那我岂不变成了花痴？

我说，别打岔，听我说。我可不喜欢小孩子插科打诨故作幽默。

青桦说，您的来访者对咨询者也会像我这样说话吗？

我说，一般不会。看心理医生是一件严肃的事情，来访者知道分散精力，浪费宝贵时间，得不偿失。咨询时间都是他自己的，是用金钱买来的。当然如果他一定要这样表达，我会和他讨论。真正的花痴是什么意思，请他说明白。很正式地要求他，通常并不调侃。

青桦撇撇嘴说，哎呀，对花痴，我也不很了解。只觉得武侠小说中一碰到傻呵呵爱恋的女子，见了帅哥围追堵截不放手，就会遭人这样骂。

我说，你知道我是当过几十年医生的人，依我的医学知识，“花痴”其实是中医的一种病名，也就是现代医学所说的“性欲亢进”。无论男女，如果对性行为要求过于强烈，成为一种疾病的话，大夫们就会下这个诊断。主要症状有：性兴奋出现频繁，性要求异常迫切，性生活频率增加，房事时间延长……

青桦吓得直眨巴眼睛，说，呀，好吓人！再不敢乱用这个词了。我不是花痴。

我说，那不要给自己乱扣帽子，武侠小说并不是真实的生活。咱回到“抓紧”上面。

青桦说，您说我怎么抓紧呢？

我说，这可就是你自己的事了。不要推诿责任，把这事推给父母，推给缘份，推给老天爷，推给我这样的人……这不是我们这帮人的事儿，是你自己的事儿。

青桦说，还有第四条吗？

我说，没了。已经够多的了，如果你能把这三件事做好了，这事儿基本上就解决了。

青桦说，毕阿姨您再想想，还有什么可补充的？

我说，没有补充的，但有提醒的。

青桦说，关于对方的家世？人品？身高？职业？学历？长相？籍贯？

我说，都不是。这是你考虑的问题，我哪里知道？我要提醒你的是价值观。

青桦大笑道，您现在倒是真的不像心理师了，像我们学校的政治辅导员。

我说，青桦，看来你真是没有做过正规的心理治疗。其实，心理师和来访者在咨询室里，最常讨论的就是价值观问题。只是可能用的不是我这种语气。

青桦说，阿姨，谈对象，怎么扯到价值观上了？好像在上一堂马哲政治课。

我说，并不是只有马克思主义哲学才讲价值观，封建主义资产阶级照样有价值观，而且无所不在地渗透到各个领域。两个相爱的人，如果在生物属性上特别相宜，但在价值观道德观上剧烈冲突或者干脆背道而驰，那么恋情可以一触即发，但婚姻常常饱含危机。这就是我要给你的提醒。

青桦是个聪明的姑娘，频频点头。我不知道这些话她是真明白了，还是出于一种礼节。

过了一段时间，青桦开始恋爱了。又过了一段时间，青桦说她要结婚了。她来给我送喜帖，说毕阿姨，我愿意您把我的故事写出来。

我说，你有什么故事啊？很多人都觉得自己的故事值得写出来，其实，有点自恋。多半高估了自己，你经历的基本上算是平常女子的简单问题。

青桦说，给剩女看啊。人们以为剩女出嫁很难，其实并没有那么难，我能现身说法。

我说，世上无难事，只要肯登攀。这事还不用登攀，只要眼睛向下一点，目光放久远一些，就走出自己的路了。

垃圾婚

有一位女博士，电话里表示要采访我。因为日程排满了，我和她约了多日之后的一个晚上。那天，我早早到了咖啡厅。她来迟了，神情疲惫。我说，你是不是生病了？如果不舒服，别勉强。她很急迫地说，不不不……我现在就是希望和人谈话，越紧张越好。

于是，我们开始。她打开笔记簿，逐条提问。看得出，她曾做过很充分的准备，但此刻精神却是萎靡恍惚的。交流正关键时刻，她突然站起，说，不好意思，我上一下洗手间。

我当然耐心等待。她回来，落座，我们接着谈。不到10分钟，她又起身，说，不好意思——然后匆匆向洗手间方向小跑而去。

一而再，再而三。因为我们所坐的位置离洗手间有一段距离，拐来拐去走一趟，颇费时间，谈话便出现了很多空白和跳跃。她不断地添加咖啡，直到我以一个医生的眼光，认为她在短时间内摄入的咖啡因含量，已到了引起严重失眠和心律紊乱的边缘。

我委婉地说，你要在意自己的身体。如果不适，咱们改日再谈吧。咖啡也要适当减少些，不然——像你这样美丽的女孩，会变得皮肤粗糙面容暗淡了……

她猛地扔开采访本，说，我这个样子，你仍旧认为我是美丽和光采的吗？

我说，是啊。当然是。如果安安稳稳地睡上一个好觉，我相信你更会容光焕发。

她说，您说的睡觉，是什么意思呢？

我说，就是很普通很家常很必需的睡眠啊。温暖安全的房间，宽大的床铺，松软的枕头，蓬松的被子……当然了，空气一定要清新，略带微微的冷最好。喔，还有一件顶重要的事，要有一架小小的老式闹钟，放在床头柜上。到了预定时间，它会发出喑哑而锈的声音，刚好把你唤醒又不会吓了你一跳……起床了，你就可以生龙活虎地快乐干事了……

她用两只手握着我的手说，你怎么和我以前想的一模一样？！可惜，我现在不这样认为了。读博士的时候，我认识了乔。当他在草地上说，咱们睡一觉吧！我以为是仰望着蓝天白云，享受浪漫的依偎，没想到他就让我们的关系，从恋人火速到了夫妻。乔说，睡觉就是性的代名词。

女博士握着我的手，她的一只手很热，捂着咖啡杯的缘故。一只手很冷，那是此刻她的体温。

我说，乔是什么人呢？

她说，乔是个企业家，他没有很高的学历。乔说他喜欢读过很多书的人，特别是读过很多书的女人，尤其是读过很多书又很美丽的女人。我喜欢乔这样评价我的长处——读书和美丽。如果单看到我的书读得好，比如我的导师和我的师兄弟们，我觉得他们太不懂得欣赏女人的曼妙了。但如果只是看到我的美丽，比如像乔或是有些比乔拥有更多财富和权势人物那种喜欢我的方式，我觉得他们是买椟还珠。

后来，我和乔结婚了。乔不算很富有，他原来说要给我买有游泳池的房屋，最后呢，只买了一套按摩浴缸了事。但我不怨乔，我知道男人们都爱在他们喜爱的女人面前夸口。我相信只要乔好好发展，游泳池算什么呢？将来我们也许会拥有一个海岛呢！以我的学识和美丽，加上乔的生猛活力，我们是一对黄金伴侣，前程不可限量。

说到黄金，结婚多少年之后，有一个称呼，叫作“金婚”。我看，婚姻必得双方原先就是两块黄金，结合在一起，才能是“金婚”吧？两块木头，用铁丝缠在一起多少年，也变不成黄金，只能变成灰烬。对不对？乔说，咱们一结婚，就是金婚了。

有一天，我有急事找乔，乔那天为了躲一笔麻烦的交易，把手机关了。他说，呼机我开着呢，你呼我，我会回话。可我连呼多次，他就是没反应。晚上，我问乔说，你让我呼你，可你为什么不理我？他说，是吗？我不知道啊。他把呼机摘下说，喔，没电了。说完，他就出外办点小事。我正好抽屉里有电池，就给他的呼机换上。电池刚换好，呼机就响了。来电显示了一个电话号码，并有呼叫者的全名——一位女士。留言也是埋怨乔为什么渺无回音？口气肉麻暧昧，我这个当妻子的都说不出来。让呼台小姐转达如此放肆的情话，也不怕闪了舌头。

我立马把呼机扔到床上，好像它是活蟑螂。本能让我猜出了它后面的一切，阴谋在我的身边已经潜伏很久了。

我要感谢我所受过的系统教育，让我在混乱中很快整理出方向——我首先要搞清情况，我不能再被人蒙在鼓里。背叛和欺骗，是我的两大困境，我要各个击破。威严的导师可能没想到，他所教授我的枯燥的逻辑训练和推理能力，成为我在情场保持起码镇定的来源。我立即把呼机里的新电池退下，把乔的旧电池重新填进。然后，整个晚上，用最大的毅力，憋住了不询问乔有关的任何事宜，乔也没有注意到我的沉默。那个电话号码和姓名，像我学过的最经典的定律，刻在了我的脑海里。

我先是查了乔的手机对外联络号码。我知道了乔和那女人通话之多，令人骇然。接着，我又查到了那个女人的住址和身份。

我找到她。我不知自己为什么要先找到她，而不是先和乔谈。也许，我不想再听乔的欺骗之词，那不仅是对感情的蹂躏，也是对我的智商的藐视。在我的潜意识里，也有几分好奇。我想知道这个把我打得一败涂地的女人，是个什么样子？

我找她的那一天，精心地化了妆，比我去见任何一位我所尊重的男士，出席任何一个隆重的场合，都要认真。我挑选了自己最满意的服饰，临敲她门的时候，心砰砰直跳。很可笑，是不是？但我就是那样子，完全丧失了从容。

门开了。她说她就是我要找的人。我倚着门框，简直要晕倒。我以为自己将看到一位国色天香的玉人，那样我输得其所，输得心甘情愿。我会恨乔，但我还会保存一点尊严。但眼前的这个女人，矮、黑、胖，趿拉着鞋，粗俗得要命，牙缝里还粘着羽绒似的茴香叶子……

我问她那个传呼是什么意思？她说，你就是乔的那个博士老婆吧？你能想到什么意思，就是什么意思。你是博士吗，这点常识还没有！我什么也说不出来了，木然地往回走。那女人还补了一句，乔说了，跟博士睡觉，也就那么回事，没劲！

我跟乔摊开来。他连一点悔恨的表示都没有，说，离吧。我本来以为博士有特殊的味道，试了试，也就那么回事，你要是睁一眼闭一眼地过，也行。你还这么心眼多且不饶人，得了，拜拜吧。

办离婚那天，正好距我们结婚的日子，整整10个月。我不知道10个月的婚姻，有什么叫法，我把它称为“垃圾婚”。我们原本就不是金子，他不是，我也不是。把一种易生锈的东西和另一种易腐蚀的物件搁在一处，就成了垃圾。

我外表上还算平静，还可以做研究采访什么的。但我的内心受了重创。乔摧毁了我的自信心。我想，那个女人吸引他的地方是什么呢？容貌学历她一点没有。有的就是睡觉吧？那有什么了不起的？睡觉谁不会呢？我既然能做得了那么繁复深入的研究，睡觉能难得倒谁呢？我开始和多个男友交往，很快就睡觉。我得了严重的泌尿系统感染症，这两天又犯了，但咱们约好的时间我不想更改，这就是我不断地上洗手间的原因……

听着听着，我用手指围住滚热的咖啡杯。在她描述的过程中，手端越来越冷。

我该怎么办？女博士问我。

先把病治好。我说。

这我知道。也不是没治过。只是治好了，频繁地睡觉，就又犯了。她有些不好意思地说。

我说，睡觉，我说的是纯正的睡眠，对治病只有好处，没有坏处。女人们首先享有自己安宁的睡眠，才有力量清醒地考虑爱情啊。

女博士说，可是，我的垃圾婚姻呢？

我说，不是已经结束了吗？

她说，可是我还在垃圾堆里啊。

我说，你愿意当垃圾吗？

她说，这还用说吗？当然是不愿意的啦！可是，谁能救我？

我说，救你的只有一个人，就是你自己啊。既然你不愿意当垃圾，很好办。离开垃圾就是了。

她说，就这么简单啊？

我说，就这么简单。当然，具体做起来，你可能要有斗争和苦恼。但关键是决心啊。只要你下了决心，谁能阻止一个人从垃圾中奋起呢！

女博士点点头。招来侍者，说，我不要咖啡了，请来一杯白开水。我不再用浓浓的咖啡麻醉或是刺激神经了。有时候，最简单的办法，就是最有力量的啊。

我说，祝你睡个好觉。

家 问

一花一世界，一家一宇宙。

家是有生命的精灵，是由男女双方用感情和双手缔造的新鲜生命。

我们是自己家庭的制造者，我们也是自己家庭的保健医，那张家庭的保修单，当然也由我们自己郑重签发。

家问

家是什么?

家会很小很小，螺蛳壳是蜗牛的家。家会很大很大，宇宙是星星的家。

家会很轻很轻，像一粒浮尘，被人一指掸掉，不留一丝痕迹。家会很重很重，像一座铅山，压在脊上，寸步难行。

家会很快乐很幸福，像一眼不老的喜泉。家会很凄楚很悲凉，像一汪深不可测的泪潭。

问年轻人：家是什么?

他们回答：家是粉红色的玫瑰，有刺更有蕾。家是甜蜜的吻，热烈的拥抱。家是柔情似水的情话和连绵不断的短信。

问中年人：家是什么?

他们回答：家是心灵与肉体的港湾，能停泊万吨巨轮也能栖息独木小舟。家是无私的付出与接纳，家是脱去疲劳的热水澡。家是一个苹果，你一大口，我一小口。家是一副重担，我愿这边的力臂短，你那边的力臂长。

问老年人：家是什么?

他们回答：家是黄昏湖边的搀扶，家是灯下互相凝望丝丝白发。家是一件旧风衣，风也是它雨也是它。家是虽非一见钟情，却望白头偕老的漫漫旅程。家是墓前的一支黄菊花。

问孩子：家是什么？

他们回答：家是妈妈柔软的手和爸爸宽阔的肩膀，家是一百分时的奖赏和不及格时的斥骂。家是可以耍赖撒谎当皇帝，也得俯首听命当奴隶的地方。家是既让你高飞又用一根线牵扯的风筝轴。

问情人：家是什么？

他们回答：家是舔着伤口的两只狼，家是荷尔蒙的汹涌分泌。家是一日不见，如隔三秋。家是猜忌、争执、思恋、指责的杂耍场。家是枕边泪窗前月，家是今夜你会不会来？家是一个不存在的地方。

问养家的人：家是什么？

他说：家不是勋章，你挂在胸前，别人也看不见。家是一条暗地里逼你不断挣钱的鞭子，直抽得你遍体鳞伤。

问弃家的人：家是什么？

他说：家是一种能力，一种学习。我自忖无力从那里毕业，就中途逃亡了。

问无家的人：家是什么？

他说：家是羁绊，家是约束，家是熄灭人创造激情的沼泽地，家是一种奢侈的糜费。

问恋家的人：家是什么？

他说：家是树上的喜鹊窝。纵然世界毁灭了，只要家在，依然有一切。

问恨家的人：家是什么？

他说：家是爱情的终点，家是英雄的坟墓。家是累赘，家是负担。家是挂在你项上的枷锁，家是你自卖自身的契约。

我不知世上还有另外的场所，会如此众说纷纭，褒贬不一。

纵观家庭，是大千世界的缩影。人们在家中卸去重重角色的面具，露出本色嘴脸，最坦率最赤裸。人性的善与丑，方寸之间，纤毫毕现。一代伟人，能治理好一个国，未必能调理好一个家。能统帅千军万马的将军，可能是妇孺裙钗下的败将。

有人以为家是最自由最放任的所在，可以无所顾忌，百无约束。其实，家是最考验责任感的圣坛。对一个你所声称最挚爱的人，都欺瞒背叛，你还指望能为天下人所信任吗？对一个托付终身的人，都无法负起责任，你还能承诺他人的期嘱吗？连自己的一脉血缘都不能照料和抚育，你还能爱国爱民吗？在家中，我们看到了太多的丑恶。对亲人施暴的人，不可能对他人仁慈。在家中阴郁的人，不可能对太阳微笑。在家中诡计多端的人，不可能真诚对待友人。在家中粉饰虚伪的人，不可能直面峥嵘人生。

如果没有准备好，请不要撕下走进家庭的门票。如果没有爱自己也爱他人的能力，请不要随意刨开家庭的地基。

很多人抱着从家庭中掠取支援的动机，匆匆为自己寻一个可供汲取财富和暖意的储备仓库。殊不知，家庭不是无中生有变出魔力的黑斗篷。家庭的温暖，先要无私无偿地培养和付出，然后热度才能像春草，毛茸茸地生长起来。一旦失了爱情的滋养，再稳固的家也会很快风化。爱的魔力，有时很巨大，有时很贫瘠，全看你是否能以心血灌溉。

家庭里如果没有神圣感和勇气，请别要孩子。家庭缔结之时，并不是简单男女人数相加，而是诞生了升华的结构。那是一个崭新的物种，它的花朵和果实，就是孩子。

一花一世界，一家一宇宙。婴儿降临世上，家是包裹他的蛹壳。倘若家中注满健康的爱的花粉，他就吸吮着它，用爱滋养构建着自己的听觉嗅觉知觉，渐渐地酿成心中小小的蜜饯。在爱中长大的孩子，爱是他的羽衣，爱是他的长矛。在爱中蓬勃向上的孩子，他看天下，就比较明朗。他看人性，就比较乐观。他看自身，就比较有尊严。他看他人，就比较客观。他看丑恶，就比较

勇敢。他看前途，就比较光明。他看事物，就比较冷静。他看死亡，就比较泰然。

在纷乱和丑恶的气氛中成长的孩子，是伪劣家庭的痛苦产品。他们在家中最先看到并习得的待人处世经验，是破碎疏离和粗暴残酷。他们是那样幼小，缺乏分辨的能力，以为这就是人世间的模型。当他们走进社会的时候，会不由自主地以不良家庭的模式对待他人，将紊乱与不协调传染到更大的范畴。更令人惊惧的是，来自不完美家庭的孩子们，彼此具有病态的吸引力，仿佛冥冥中有一块恶作剧的磁石，牵引着性格残缺的男女，使他们同病相怜，迫不及待地粘合到一处。这种建立于病态中的家庭，草台班子如履薄冰，演化成悲剧几乎是必然。如果不能进行彻底的改造，卓有成效地打断绞链，这种会伤人的家庭，就像顽强的稗草，代代相传，贻害无穷。

家可以很单纯，一个人也是一个完整的家。家可以很复杂，整个地球共居一个穹窿的屋顶。

家啊，是理解奉献思念呵护，是圣洁宽容接纳和谐，是磨合欣赏忠诚沟通，是心心相印浪漫曲折生死相依海角天涯。

家的疆域

一个家就像一潭水，经常有风和石头经过，扰乱平静。夫妻间发生争执的人和事，有时同自家没一点关系，颇有株连的味道。比如遥远的地方有一个女人死了，妻子说，真吓人啊。丈夫说，有什么了不起？这世上每天死的人多了去了。妻子就说，想不到你是这么一个绝情的人，有朝一日我死了，只怕你也无动于衷。丈夫说，这不是强加于人吗？她死和你死有什么关系呢？真小题大作！妻子说，我都要死了，你还说是小题，在你心里，究竟谁才是大事？！……于是争吵就水到渠成地发生了。

家是一个那么容易发生地震的地方：其频率和烈度大大超乎我们的想象，震中却往往不足挂齿。好像人们相知得越多，越难以彼此从容地体谅。如果说我们对外界的人，还有耐心探讨动机的多种可能性，做出比较理性客观的判断，对在同一屋檐下爆发的争吵，几乎从一开始就认定对方是挑衅和非善意。我们可能为一个毫不相干的人和事，发起剧烈的口角，直到完全忘记了唇枪舌剑的诱因，只遗留下锋利言辞对彼此心灵的伤害。每逢阴雨，那伤痕还会像蚯蚓似的蠢蠢欲动。

或许对家庭的势力范围，作个明确的划分会有益处。家是我们共同的领地，它从建立的那天起，就是一个崭新的国度。每个男人和女人，在婚前都有自己的疆界和朋友。走到一起来的时候，除了携着自身，还举一反三地带来了原先的爱好、习惯和亲朋……要知道，重新组建家庭的边境线，并不是男女双方原有管辖区域简单的算术叠加。如果你一厢情愿地那样认为，可就悲催了。你会对不期而至的遭遇战惊诧莫名，层出不穷的战火轻则将你熏伤，重则可能灼灭你的爱情。

每一对夫妻都需要细致地研究，这个刚刚诞生的小小联合体，有哪些不同的兴趣和特殊的禁忌。

当我们对某一个人和某一件事慷慨陈词的时候，也许表面上看不出血肉相依的联系，但实际上凸透的是自己对世间的特定视角。既然我们在其他场合，都可以谦虚地承认自己并非万能，在家中为什么非要强硬地固执己见？想来是希望最亲近的人能与自己心心相印。一旦遭到误解和反驳，愤怒和沮丧便呈现数倍的猛烈与尖锐。

所以，对于那些敏感而无关大局的话题，明智的办法就是像两个边境不清的邻国，各自后撤，以便维持和平共处。比如对某支球队的拥趸，对某项娱乐活动的臧否，对某部狗血剧集的评说，对某类流行习俗的好恶……凡此种种，尽可装聋作哑。

无伤大雅的分歧，可避让与迂回。对远处的人和事，不妨模糊朦胧，求同存异。对那些有可能导致战火的危险话题，明智地腾挪躲闪。对共同感兴趣的部分，则大张旗鼓同仇敌忾。

当然彼此的疆域可以渗透，可以磨合，可以扩展，可以融会贯通天下大同。这需要时间，很漫长的时间，也许一生一世。涂抹疆域界线的橡皮，只能是爱。持之以恒地相互热爱，甘远醇厚。爱到心驰神往，爱到天人合一。

家可以延伸得很远很远，包容大千世界。家可以蜷缩得很小很小，仅两个人也打得不可开交。家的边陲可以绿树成荫繁花似锦，围起一个小鸟的天堂。

家也可以狼藉一片血流漂杵，筑成一双男女的死牢。关键需要每位成员既是国王也是士兵，建设它守卫它，和谐地调整家的内政外交，处理好家的边关防务。

在家的日子，我们要更宽容，更聪慧，更善良，更真诚。

家无垠。

家中的气节

我想说，家中无气节。这话，肯定不堪一击。中国人饿死事小，失节事大，哪里敢辱没气节的丰姿呢？但我指的只是家中的琐碎，不过借用一下此词的英名。

世上举案齐眉的家庭一定是有的，不能以我等瓢勺相碰的日子，揣测人家的和睦是虚伪。但也一定不多，因为矛盾的普遍性制约着我们。

大多数家庭都时常爆发争执，像界碑不清的小国，边境冲突不断。要是演变成正式宣战，干脆离婚罢了，也不在范畴之内。那些先是苦恋苦爱，既争执不断，又处于冷战状态的家庭，似有讨论气节的余地。

有多少原则问题呢？真正的国计民生，大概并不构成分歧的核心。甚至对家庭的大政方针，比如孩子要上大学，父母要延年益寿，工作要努力，住房要增加……双方也是高度和谐统一的。问题往往出在一些很小的分工或是态度的优劣上。比如你是做饭还是洗衣？你为什么不和颜悦色而是颐指气使……有时，简直就不知是为了什么，双方把外界的怒气直接打包带回家，单刀直入地进入了对峙阶段，除了不扔原子弹，家庭对峙的恐怖气氛同大战无异。

为了对付这种莫名其妙的僵持，生活杂志上登出了许多驭夫或是驭妻的“诀窍”，教你如何化干戈为玉帛。比如烛光晚餐，比如从背后冷不丁秀出一把鲜花……这些供人莞尔一笑的小诀窍，不知灵不灵？我估计打趣于一时，长远效果可疑。我看这其中的死结——就是如何看待家中的气节。

家是什么呢？是一对男女的永不毕业的大学，是适宜孩子居住的圣殿。是灵魂的广阔海滩，精神的太阳浴场。我们在尘世奔波，会见他人时的种种面膜，需在家中清洗复原。意志的疲软顿挫，需在亲情中柔软着陆。人们以为家中的人多温柔和蔼，真是错了。在各种节奏涡轮般快速旋转的今天，家居的人也许比街市的人更脆弱，更敏感，更易冲动激惹。

常常听到因小事争吵的女人说，我从此不理丈夫，等他来同我说第一句话。男人就更是不肯低下高昂的头，好像家是宁死不屈的刑场。

冷漠后恢复交谈的第一句话真是那么重要吗？重于我们曾经有过的一生一世的寻觅？第二句话真就那么卑下吗？低贱到后发制人，丧失了品格和尊严？第三句话真就那么平淡吗？淡到它如同沏过千遍的茶水，没有一丁点生命的绿色吗？

什么是家中的气节？既然我们相爱，爱就是我们共同的气节。你的失态，在我看来，是你的思绪溃败了。在这一个瞬间，我是你的软垫。原谅，宽恕，包容和鼓励，就是家庭永远长青的气节。

有些人以沉默对待冷漠，消极地把缰绳交给时间。时间通常是一个中性的调解员，会使人们渐渐恢复冷静。但孤寂中只顾自家意气的男女不要忘了，时间也会跟我们开居心叵测的玩笑呢。当你缄默着不肯谅解时，家的瓶颈便出现第一道裂纹。继续对抗下去，锤子无聊地敲击着婚姻之瓶，随着时间的叠加，瓶子也许訇然破碎。

太看重一己气节的人，其实是一种枯燥的自卑。你以为在亲人面前挣得了面子，失去的却是尊重与宽容。片刻的满足带来长久的隐患，聪明的男人和女人，千万别因小失大。

分歧时，不必拍案而起。争执起，义正辞可不严。有失误，莫要声色俱厉。灾临头，携手共赴家难。如果一定要有家中气节，我想这几条该在其中。

家是有生命的精灵

当医学生的时候，一天，教授拿着一支新柳走进教室。它嫩绿的枝管上，萌着鹅黄的叶蕾，大梦初醒的样子。我们正不知一向严谨的教授预备干什么，教授啪的折断了柳枝。绿茸茸的顶端顿时萎下来，唯有青皮褴褛地耷拉着，汁液溅出满堂苦苦的气息。教授说，今天我们讲骨骼，医学上有一个重要的名称，叫做“柳枝骨折”，说的是此刻骨虽断，却还和整体有着千丝万缕联系的状况。我们的职责，就是把这样的断骨接起来。它需要外科医生格外的冷静，格外的耐心……

一次，到了大兴安岭。老猎人告诉我，如果迷了路，你不要着急，去找柳树。沿着柳树，你就能走出深山。

我问为什么？老猎人说，春天柳树最先绿，秋天它最后黄。柳树成行的地方必有活水，水往山外流。所以你跟着柳树，就会找回家。

心中一动，记下了柳树如家。

一位女友向我哭诉她的家庭，说当初披上婚纱的时候，满心希冀的是家的纯洁，家的祥和。可怕的是最近这一切都濒临破碎，错不在她。男方虽已忏悔，但她想手起刀落，却又藕断丝连……我知她的家虽已摇摇欲坠，但还并非恩断义绝。想了想，我和她讲起了柳枝骨折。既然一株植物都可凭着生命的本能，愈合惨痛的伤口，在原处发出新的枝叶，我们也应该更顽强更耐心地尝试修复。

女友迟疑说，现代的东西，不破都要扔的。筷子、手套、抹布、餐巾、注射器都变成一次性的……当初海誓山盟的家，如今已千疮百孔！不丢弃还等什么！

我说，正因为家不是一次性的啊！它是有生命的精灵，是活的历史，会得病也会康复。既然高超的仪器会失灵，凌飞的火箭会爆炸，精密的计算机会染病毒，蔚蓝的天空也会厄尔尼诺，婚姻当然也可“骨折”。

我们是自己家庭的制造者，我们也是自己家庭的保健医。每一个家庭都是男女双方用感情和双手缔造的，那张家庭的保修单，当然也由双方郑重签发。家是一张木制的椅子，要常常油饰修理。阴雨连绵的季节，要搬它晒太阳，防止它生出点点霉斑。秋天的时候，要在田野留步，感受清风的抚摸，忆起春天的期望。

修补家庭是双方的事情，万万不可一方包办。这就像疗治骨折要干净彻底地清洗创面，绝不可留下化脓的细菌。所以，你先要有刮骨疗毒的决心。就像焊接两块钢板，要将那对接的毛边，打去陈锈，露出洁净的茬口，才能在烈焰下重新融合。如果没有痛切的割舍磨打，哪怕只是粘合一块鞋跟，也会在几步之后再次脱落……退让妥协绝不是修补，那是藏污纳垢苟延残喘，那是委曲求全自取其辱，等待我们的只会是更大的苦痛。

修补是比丢弃更需要屏息静气的工程；修补是比丢弃更艰苦漫长的跋涉；修补是比丢弃更费时费心的情绪历练；修补是比丢弃更精妙的沟通技艺。

女友听了我的话，半信半疑道，裂了口子连缀起来的家，就像早年间乡下锔过的碗，还会结实吗？

我说，当年我们也曾问过教授，柳枝骨折长好后，当再次遭受重大压力和撞击的时候，会不会在原位爆开？

教授微笑着回答，樵夫上山砍柴，都知道斧刃最难劈入的树瘤，恰是当年树木折断后愈合的地方。

对女机器人提问

在某届博展会上，展出了科学家新近制造出的女机器人。形象仿真容貌美丽，并具有智慧(当然是人们事先教给她的)，能够用柔和的嗓音，回答观众提出的各种问题。

在女机器人的耳朵里，装有可把观众所提问题记录下来的仪器。展览结束之后，经过统计，科学家惊奇地发现，男人所提的问题，和女性大不同。

男人们问得最多的是——你会洗衣服吗？你会做饭吗？你会打扫房间吗？

女人们问得多是——你是怎样被制造出来的？你的目光能看多远？你的手有多大劲呢？

看到这则报告之后，我很有几分伤感。一个女人，即使是一个女机器人，也无法逃脱家务的桎梏。在人类的传统中，女性同家务紧密相连。一个家，是不可能躲开家务的。所以，讨论家务劳动，也就成了重要的话题。

家务活灰色而沉闷。这不仅表现在它的重复与繁琐，比如刷碗和拖地，日复一日年复一年味同嚼蜡，更因为它的缺乏创造性。你不可能把瓷盘刷出一个窟窿，也不能把水泥地拖出某种图案。凡是缺乏变化的工作，都令人枯燥难捱。

更糟糕的是，家务活动在人们的统计中，是一个黑洞。如果你活跃在办公室，你的劳动就进入了人们的视野，被重视和尊敬。但是你用同样的时间在做家务，你好像就是在休息和消遣，一片空白，什么也不曾留下。在我们的职业分类中，是没有“家庭主妇”这一栏的。倘若一个女性专职相夫教子，问她的孩子，你妈妈在家干什么呢？他多半回答：我妈妈什么都不干，她就是在家呆着。丈夫回家，发现了某种疏漏，就会很不客气地说，我在外忙得要死，你整天在家闲着，怎么连这么点小事都干不好呢！

在人们的意识中，家务劳动是被故意忽视或者干脆就是藐视的。它张开无言的长满黑齿黑舌的巨嘴，把一代代女人的青春年华吞噬，吐出的是厌倦和苍老。

于是很多女人就在这样的幽闭之下，发展出病态的洁癖。她们把房间打扫得水晶般洁净，不允许任何人扰乱这种静态的美丽。谁打破了她一手酿造的秩序，她就仇恨谁。她们把自己的家变成了雅致僵死的悬棺，即使是孩子和亲人，也不敢在这样的环境中伸展腰肢畅快呼吸。她们被家务劳动异化成一架机器，刻板地运转着，变成了无生气的殉葬品。

在外工作的女人们更处于两难境地。除了和男性一样承担着工作的艰辛以外，更有一份特别的家务，在每个疲惫的傍晚，顽强地等待着她们酸涩的手指。如果一个家不整洁，人们一定会笑话女主人欠勤勉，却全然不顾及她是否已为本职工作筋疲力尽。更奇怪的是，基本没有人责怪该家的男人未曾搞好后勤，所有的账独独算在女人头上。瞧，世界就是如此有失公允。

记得听过一句民谚——男人世上走，带着女人两只手。我觉得不公道。某人的个人卫生，当然应该由他自己负责，干嘛要把担子卸到别人头上？为什么一个男人肮脏邋遢，人们要指责他背后的女人？如果一个女人衣冠不整，为什么就没人笑话她的丈夫？在提倡自由平等的今天，家务劳动方面，却是倾斜的天平。

更有一则洗衣粉的广告，让人不舒服。画面上一个焦虑的女人，抖着一件男衬衫说，我的那一位啊，最追求完美。要是衣领袖口有污渍，他会不高兴的……愁苦中，飞来了××洗衣粉，于是女人得了救兵，紧锁的眉头变了欢颜。结尾部分是洁白挺括的衬衫，套在男人身上，那男人微笑了，于是皆大欢喜。

我很纳闷，那位西装笔挺的丈夫，为什么不自己洗衬衣呢？自己的事情自己做，这难道不是我们从幼儿园就该养成的美德吗？怎么长大了成家了，反倒成了让人服侍的贵人！我的本意不是说夫妻之间要划得那么清，连谁的衣服谁来洗也要泾渭分明，但基本的权利和义务还是要有个说法。自己的衣服妻子帮着洗了，首要的是感激和温情，哪能因为自己把衣服穿得太脏了洗不净，反倒埋怨劳动者的？是否有点吹毛求疵？再者，你做不做完美主义者可以商榷，但不能把这个标准横加在别人头上，闹得人家帮了你，反倒受指责，这简直就是恩将仇报了。

近年来，在已婚女性当中，流行一种“蜂后症候群”。意思是，一个女人，既要负起繁育后代的责任，又要杰出而强大，成为整个蜂群的领导者，驰骋在天空。

如果做不到，内心就遗下深深的自责。

女性解放自己，首先要让自己活得轻松快乐。现代社会的发展，让人们有越来越多的时间回到家庭，与亲人独处。一个家的舒适与否，很大程度上决定于家务劳动的质量和数量。作为这一工作的主要从业人员，妇女应该得到更大的尊重和理解。男性也需伸出自己有力的臂膀，分担家务，把自己的家园建设得更加美好温馨。

造心

我们的心，是长久地不知不觉地以自己的头脑和双手，塑造而成的。

造好的心，如同造好的船。当它下水远航时，蓝天在头上飘荡，海鸥在前面飞翔，那是一个神圣的时刻。会有台风，会有巨涛，但一颗美好的心，即使巨轮沉没，它的颗粒也会在海浪中，无畏而快乐地燃烧。

造心

蜜蜂会造蜂巢。蚂蚁会造蚁穴。人会造房屋，机器，造美丽的艺术品和动听的歌。但是，对于我们最重要最宝贵的东西——自己的心，谁是它的建造者？

孔雀绚丽的羽毛，是大自然物竞天择造出的。白杨笔直刺向碧宇，是密集的群体和高远的阳光造出的。清香的花草和缤纷的落英，是植物吸引异性繁衍后代的本能造出的。卓尔不群坚韧顽强的性格，是秉赋的优异和生活的历练造出的。

我们的心，是长久地不知不觉地以自己的头脑和双手，塑造而成的。

造心先得有材料。有的心是用钢铁造的，沉黑无比。有的心是用冰雪造的，高洁酷寒。有的心是用丝绸造的，柔滑飘逸。有的心是用玻璃造的，晶莹脆薄。有的心是用竹篾造的，锋利多刺。有的心是用木头造的，安稳麻木。有的心是用红土造的，粗糙朴素。有的心是用黄连造的，苦楚不堪。有的心是用垃圾造的，污秽杂乱。有的心是用谎言造的，百孔千疮。有的心是用尸骸造的，腐恶熏天。有的心是用眼镜蛇唾液造的，剧毒凶残。

造心要有手艺。一只灵巧的心，缝制得如同金丝荷包。一罐古朴的心，淳厚得好似百年老酒。一枚机敏的心，感应快捷电光石火。一颗潦草的心，门可罗雀疏可走马。一摊胡乱堆就的心，乏善可陈杂乱无章。一片荆棘编织的心，暗设机关处处陷阱。一道半是细腻半是马虎的心，好似白蚁蛀咬的断堤。一朵绣花枕头内里虚空的心，是假冒伪劣的心界水货。

造心需要时间。少则一分一秒，多则一世一生。片刻而成的大智大勇之心，未必就不雄阔。久拖不绝的谨小慎微之心，未必就很精致。有的人，小小年纪，就竣工一颗完整坚实之心。有的人，须发皆白，还在心的地基挖土打桩。有的人，半途而废不了了之，把半成品的心遗失在荒野。有的人，成百里半九十，丢下功亏一篑的工程。有的人，精雕细刻一辈子，临终还在打磨心的玲珑剔透。有的人，粗制滥造一辈子，人未远行，心已坑灰灶冷。

心的边疆，可以造得很大很大。像延展性最好的金箔，铺设整个宇宙，把日月包涵。没有一片乌云，可以覆盖心灵辽阔的疆域。没有哪次地震火山，可以彻底颠覆心灵的宏伟建筑。没有任何风暴，可以冻结心灵深处喷涌的温泉。没有何种天灾人祸，可以在丰饶秋天让心的田野颗粒无收。

心的规模，也可能缩得很小很小，只能容纳一个家，一个人，一粒芝麻，一丛病毒。一条雨丝，就把它淹没了。一缕轻风，就把它粉碎了。一句流言，就让它痛不欲生。一个阴谋，就置它万劫不复。

心可以很硬，超过人世间已知的任何一款金属。心可以很软，如泣如诉如绢如帛。心可以很韧，千百次的折损委屈，依旧平整如初。心可以很脆，一个不小心，顿时香消玉碎。

造心的时候，可以有很多讲究和设计。

比如预埋下一处心灵的生长点，像一株植物，具有自动修复、自我养护的神奇功能。心受了创伤，它会挺身而出，引导心的休养生息，在最短的时间内，使心整旧如新。

比如高高竖起心灵的避雷针，以便在危急时刻，将毁灭性的灾难导入地下，耐心等待雨过天晴。

比如添加防震防爆的性能，在心灵遭受短时间高强度的残酷打击下，举重若轻，镇定地维持蓬勃稳定。

比如……

优等的心，不必华丽，但必须坚固。因为人生有太多的压榨和当头一击，会与独行的心灵，在暗夜狭路相逢。如果没有精心的特别设计，简陋的心，很易横遭伤害一蹶不振，也许从此破罐破摔，再无生机。没有自我康复本领的心灵，是不设防的大门。一汪小伤，便漏尽全身膏血。一星火药，便烧毁绵延的城堡。

心为血之海，那里汇聚着每个人的品格智慧精力情操，心的质量就是人的质量。有一颗仁慈之心，会爱世界爱众人爱生活，爱自身也爱大家。有一颗自强之心，会勤学苦练百折不挠，宠辱不惊大智若愚。有一颗尊严之心，会珍惜自然善待万物。有一颗流量充沛羽翼丰满的心，会乘上幻想的航天飞机，抚摸月亮的肩膀。

造心是一项艰难漫长的工程，工期也许耗时一生。通常是母亲的手，在最初心灵的模型上，留下永不消退的指纹。所以普天下为人父母者，要珍视这一份特别庄重的义务与责任。

当以我手塑我心的时候，一定要找好模版，郑重设计，万不可草率行事。造心当然免不了失败，也很可能会推倒重来。不必气馁，但也不可过于大意。

因为心灵的本质，是一种缓慢而精细的物体，太多的揉搓，会破坏它的灵性与感动。

造好的心，如同造好的船。当它下水远航时，蓝天在头上飘荡，海鸥在前面飞翔，那是一个神圣的时刻。会有台风，会有巨涛，但一颗美好的心，即使巨轮沉没，它的颗粒也会在海浪中，无畏而快乐地燃烧。

心轻者上天堂

埃及国家博物馆，有一件奇怪的展品。一方用精美白玉雕刻的匣子，大小约和常用的小抽屉差不多。匣内被十字形玉栅栏隔成四个小格子，洁净通透。玉匣是在法老的木乃伊贴身处发现的，当时匣内空无一物。从所放的位置看，匣子必是十分重要，可它是盛放什么东西用的？为什么要放在那里？寓意何在？谁都猜不出。这个谜，在很长一段时间内，让考古学家们百思不得其解。后来，在埃及中部卢克索的帝王谷，在卡尔维斯女王的墓室中，发现了一幅壁画，才破解了玉匣的秘密。

壁画上有一位威严的男子，正在操纵一架巨大的天平。天平的一端是砝码，另一端是一颗完整的心。这颗心正是从一旁的玉匣子中取出的。埃及古老的文化传说中，有一位至高无上的美丽女性，名叫快乐女神。快乐女神的丈夫，是明察秋毫的大法官。每个人死后，心脏都要被快乐女神的丈夫拿去称称重量。如果一个人是欢快的，心的分量就比较轻，女神的丈夫就判那颗羽毛般轻盈的心，引导着灵魂飞往天堂。如果那颗心很重，被诸多罪恶和烦恼填满褶皱，快乐女神的丈夫就判他下地狱，永远不得见天日。

原来，白玉匣子是用来盛放人的心灵的。原来，心轻者可以上天堂。

自从知道了这个传说，我常常想，自己的心是轻还是重，恐怕等不及快乐女神的丈夫用一架天平来称量，那实在太晚了。呼吸已经停止，一生盖棺定论，任何修改都已没了空白处。我喜欢未雨绸缪，在我还能微笑和努力的时候，就把心上的赘累一一摘掉。我不希图终极天堂，只期待今生今世此时此刻朝着愉悦和幸福的方向前进。天堂不是唯一的目的地，只要是一个让我们感到快乐自信的地方，均是它的所在。

心灵如果披挂着旧日尘埃，好像浸满了深秋夜雨的蓑衣，湿冷沉暗。如何把水珠抖落，在朗空清风中晾干哀伤的往事？如何修复心理的划痕，让它重新熠熠闪亮一如海豚的皮肤在前进中把阻力减到最小？如何在阳光下让心灵变得通透晶莹，仿佛古时贤臣比干的七窍玲珑心，忠诚正直诚恳聪慧，却不会招致悲剧的命运？

我们不是从一张白纸开始自己的心灵健康之旅，而是背负着个人的历史和集体的无意识，在文化的熏染中长大，它们对我们的影响复杂而深远，微妙而神秘。也需要经过艰苦的努力，才能享有一颗轻盈的心。春天坐看云卷云舒，夏天静听草拔花开。在寒冷的日子，让雪花在温暖手心一瓣瓣消融。深夜时候，在星空下独对流星悄然隐没。偶尔远眺心被称重的那一刻，有胆量莞尔一笑。

最单纯的生活必需品

迪斯尼版的《森林王子》，描写一个人类婴孩莫格利，偶入大森林，被野狼阿力一家收养，在大熊巴鲁、黑豹巴希拉等动物的呵护与培养下，成为友善、勇敢、智慧、快乐的少年。描绘了一幅人与动物在大自然的怀抱中，和谐相处的图画。

片中各种动物的造型和举止，颇符合物种个性的特征，险而不惊。特别是蟒蛇与巴克利的斗智斗勇，美妙的搏斗场面，既让人想起蛇那油光水滑阴险狡诈的秉性，被它的辗转盘旋晕得眼花缭乱，又让人在紧张中怡情，充满了机警的悬念。大熊巴鲁为了拯救莫格利，与森林王老虎谢利展开了殊死搏斗，以致昏倒在地。黑豹巴希拉误以为它已阵亡，心情激动地致了一段感人肺腑的悼词。大熊巴鲁慢慢苏醒后躺在地上，一动不动地倾听着，在庄严肃穆中，引出人们啼笑皆非的泪水。

巴鲁复苏之后，开始教导人类的孩子莫格利，如何在大自然中生活。那只载歌载舞的憨厚大熊，反复吟唱着一句话——“让我们，得到，最单纯的生活必需品……”

真是令人拍案叫绝的真理——最单纯的生活必需品——由一只熊告诉我们。

人若想生存，就必然要有一些必不可少的物件陪伴左右。几年前，我见到一个乡下孩子和一个城里孩子在做游戏。一堆卡片，像一摞扑克牌。每张卡片的正面写着问题，背面写着答案。两人也像摸牌似地，找到一张卡片，念出问题。两人都说出自己的答案。回答的正确与否，以卡片背后的答案为准。然后答对的得一分，等到卡片答完了，胜分多者为先。

这一轮摸到的纸牌正面上的题目是——生命存活的三大基本要素是什么？

城里孩子抢着回答说，这还不简单吗，就是脂肪、蛋白质和碳水化合物呗！

乡下孩子不甘示弱地说，啥叫脂肪？不就是猪大油吗？人没有猪油那些荤腥吃，能活，俺们成年累月也吃不上肉，活得好好的。蛋白质是啥？不就是鸡蛋吗？人吃不上鸡蛋也可以活的，我知道鸡蛋好吃，但吃不上也没啥。碳水化合物是啥东西，俺不知道。俺只知道人要活着，最要紧的是要有水、火柴和粮食！

那张硬硬的精美卡片后面的答案，判定城市孩子的回答正确。但说心里话，我更认为乡下孩子的答案率真和智慧。

纵观人类的历史，我们的生活必需品的名录，就像银行信用卡恶意透支的黑名单，是越来越长了。1000年前，假如我们外出，真如那个乡下孩子所讲，只需带上水和干粮，再携一把火镰，就可走遍天下。现在呢，要有旅游鞋休闲装，盆碗帐篷净水器，驱蚊油防晒霜，手机网络卫星电视……一行人出外旅游，长途跋涉到了旅店，行李还没安排好，蓬头垢面的人们就都迫不及待地询问WIFI密码。一听说山野小店没这设施，一行人如丧考妣哀嚎不止。

这应该算是进步吧？只是大自然不堪重负了。养育一个现代人的物资，足够当初养活500个1000个原始人。

大熊的箴言里，还有一个涵义——单纯。单纯是一种很真实很透明的东西，我们已经在进化中将它忽略和玷污。比如水吧，人体的细胞所需要的，是纯净的自然之水，而绝不是啤酒、可口可乐和掺了可疑色素的某种浑浊液体。人们先是把水弄得很复杂，然后再把脏水过滤。当人饮着这种再生的清水时，沾沾自喜，以为是文明和进步，其实比起古代人的饮水质量，差着不知多少档次。

再如空气，人的肺所需要的，是凛冽的清新的山谷森林之风，而绝不是被汽车吞吐了千百次的工业废气。人们聚集在城市里，在空气中混淆进数不清的杂质，然后摇摇头说，这样的地方，太不利于健康了。于是就开着汽车，满世界找青山绿水的地方，心安理得地住下来，把新的污染带给那里。

人们本来应该简洁明确地表白自己的内心，这样会避免多少误会，节约多少人生，增进多少了解，加快多少速度啊！但是，不。人们变得虚伪客套声东击西云山雾罩，并尊称这些技术技巧为礼仪和外交，让世界变得遮遮盖盖诡谲莫测。于是无数人在这面无法超越的黑斗篷前终生猜谜，并以此形成许多新的职业和窥探的癖好。

也许我们可以对自己精神和物质生活中所需物品的庞大分子分母，来一个约分。本着单纯和必需的原则，把太繁多的精简，把太复杂的摒弃。必需的东西越少，我们的脚步就越轻捷。佛家有一句话，叫“无挂碍故，无有恐怖”，不妨借用来，说一句：少需求故，少烦恼。因为必需少，所以受限轻。人就获得了更快的行走，更高的飞翔。

单纯这件事，说起来简单，做起来不容易。因为世界上有许许多多的杂质，无时无刻不在腐蚀着单纯。人们往往以为单纯只存在于童贞，如果你在晚年还保有单纯，如果不是太傻，就是天赐的一种好运气，证明你未曾遭遇污浊侵袭，所以依旧清澈。其实，最有力量的单纯，是历练过复杂阴晦之后的九九归一，大彻大悟。以不变应万变，自身有过滤化解和中和澄清的功能。任你血雨腥风，我自静若处子。心地永远清清，呼吸永远轻轻……

心理学家的曼陀罗

当年在西藏阿里，我无数次看到过这种外圆内方一层套着一层的图案。它们或在墙上，或在纸上，或在洞穴之中……绚烂多姿，色彩鲜艳，虽然由于时间的漂洗，很多细节已看不分明，但那种寄予了无限想象力的气势，和一种庞大系统的缜密性，还有一种不可知的象征性，带着无法抗拒的力量劈头盖脑而来。

这是什么？我问阿里的老同志。他军装很旧，不过洗得很干净。这在阿里的军人里面并不常见，因为风沙大，基本上所有的人在所有的日子里，都风尘仆仆。

那里面是佛教对世界的解释。他说。那时候我17岁，他大约30多岁吧，受过高等教育，好沉思和读书。在我眼中，已是足够的老迈和渊博。

它在解释什么？

解释他们心中的宇宙是什么样子的。老同志说。他被大家公认为是最有学问的人，常常从一件很小的事情，就说到宇宙。很多年后，我才明白，阿里这个地方，就是和宇宙有特殊的联系，也许那时的他，就得了某种冥冥之中的感召。

宇宙就是这个样子吗？一圈套着一层，一层又套着一圈，层层递进，有方有圆的吗？那我们此刻是在哪里呢？是在方的框架里，还是在圆的中心呢？我问。

后来，我走过了世界上的很多地方，凡是在藏传佛教流行的区域，都可以从精美的唐卡、堆绣、雕塑里看到它。我知道了它的名字叫作——坛城。

坛城也称曼陀罗。

我走遍世界各地，发觉无论哪个民族哪个时代，都以圆形为美，其次是方形，然后是长方形……各式各样的遗址废墟，基本上都是这几种形状组成的，所有的祭坛更都是圆形。你当然可以说，这是最节省的安排，谁都知道圆形容积最大，材料最省。不过，我觉得古代人用于祭祀的时候，神圣和美感是第一重要的，至于俭省，绝不是他们的第一出发点。他们连鲜血和生命都在所不惜地用于拜献神灵，还在乎石头瓦块这些原材料吗？当然，对太阳神的崇拜，也是圆形最强有力的基因。总而言之，“圆”的历史极为悠久，不论是从古老的石刻图形，还是我们祖先崇拜的日月星辰（及其衍生出之各种仪式），还是大自然中的地域形状（如洞穴及山岳），再到人类的自然史（如圆形的卵细胞，而后在圆球体的子宫内成长、成熟后出生）……你都能轻而易举地发现——“圆”无所不在。

“曼陀罗”坛城，就把圆形和方形，有机地结合在了一起，并紧紧围绕中心展开。心理学家荣格在对人的心灵进行理论建构的时候，认为曼陀罗是一个极好的象征物，它揭示了一个具有东方美学理想的互补和谐的心灵。它把世界简约化了，使它成为一个几何投影。他给它取了一个东方的名字，叫做“曼陀罗”。荣格认为，太阳是曼陀罗，飞碟也是，佛教的莲花、中国的太极，以及车轮、铜钱，统统都是曼陀罗。

曼陀罗这个图案，能让人的内心处于焦虑、迷茫、混乱时，重新获得内心的安稳与平衡。

1920年，荣格根据《易经》所描述的方法来进行精神分析。我们每个人都不甚完整，我们清楚地能够掌握的理性的“我”，就像是漂浮在海面上的那块浮冰。

记得我从格陵兰岛到冰岛的旅程中，看到无数浮冰。某天，我穿着一件绿色的丝棉棉衣，倚靠在栏杆上，正在数着周围有多少座冰山。船上专职的摄影师走过来，说要为我照张照片。

我说，我是一位老人家了，照出相片来不好看。还是去找年轻人吧。

我知道他是专业人士，对图片的要求很高，我害怕被人摆来摆去地拍，怕自己配合不当让他失望，故提前婉辞。

他笑笑说，您的衣服很好看。

我穿着一件旧棉袄，有个扣子都掉了，实在说不上美观。但摄影师坚持，我不好拂他意，只好穿着这件掉了扣子的旧棉衣，迎着冰冷的海风，站在船舷。

摄影师说，好，就以这座冰山为背景吧。你做出眺望的样子就行了。不必特意摆姿势。

和平号在全速航行着，冰山很快地在不远处移动着。摄影师拍完照片，顺便告诉我说他已经绕着地球转过十几圈了。我说，你绕地球转了这么多圈，最喜欢哪里的风光呢?

他说，最喜欢眼前的风景。

我以为是一句玩笑话。就说，明天船行到了不同国度，你又该说那里是你最喜欢的地方了。

他却急了，说，并不是这样的。我最喜欢的只有一种景色，就是冰川林立。明天我们渐渐向南，就看不到这么多的冰山了。

我大略数了数，周围有20多座冰山。

我问，你为什么这么喜欢冰山呢?

摄影师把目光移向那座充当背景，现在渐渐远去的冰山，充满温情。由于航速的关系，它比刚才看起来要小了很多。

摄影师说，我喜欢它们的纯洁。在世界上别的地方，你看不到这么纯洁的冰雪了。我还喜欢它们的古老，每一块冰，都有上万年的历史了。我还喜欢它们的美丽，你看，在日光下，它们发出碧绿或是湛蓝的光芒……太神奇了。试想一下，在这个世界上，能够把美丽、古老、纯洁集合在一起的东西，能有多少呢？你可能会说，那还有钻石吗！我承认，钻石的确是把美丽、古老和纯洁都集于一身了，可是，钻石是多么小啊！小的以克为单位，都还不行，要以克拉为单位，5克拉才等于1克。克拉下面还有“分”，1克拉等于100分……这是多么微小的分量啊。你看这冰山，你觉得它有多高呢？摄影师指着渐渐变得像一小块玻璃一样，漂浮在北冰洋上的冰山说。

我回忆了一下刚才距离冰山最近时的感觉，说，大概有三四层楼高吧？

摄影师在说这些话的时候，一直斜挎着他的照相机。镜头很大很重，他调整了一下身姿，说，在苍茫大海上，因为没有相应的参照系，人们通常都会对

海面上的物体体积估计不足。刚才那座冰山，如果我们走到近前，就会看到，它足有10层楼那么高的。

我说，真的吗？大的骇人听闻啊！

摄影师说，这不算什么。你要知道，浮在海面上的冰山，只是整个冰山的九分之一。也就是说，在海面之下，还有8倍的体积藏在那里。

我从理论上知道冰山潜伏在水底的部分十分庞大，但那毕竟是理性的印象，现在经摄影师现身说法，着实吓了一跳。

我们潜意识的体积，正是“冰山理论”的绝妙写照。你要了解你的潜意识，和你的潜意识对话，有一个方法。这就是拿起笔来，绘制你独特的心灵曼陀罗。有兴趣的人，不妨一试。

为什么要画曼陀罗？原来，通过这种随心所欲的涂鸦，让你的无意识如同岩浆一样，从地缝（也就是我们意识把守着的土地裂隙之处），喷涌而出，来一个自发的自在的“表达”。

通过曼陀罗绘画，我们可以静心，可以释放不良情绪。在你聚精会神和自己的内心交流的时候，你就踏踏实实地活在了当下。你会感到内在能量的整合和激发，你可以学会运用这些早就埋藏在你内心的宝藏，让你的生命焕发出光彩。

绘制自我的曼陀罗，也有治疗作用。在这个层面上说，“曼陀罗”不仅仅是一种表达方式，它也像澳洲原住民的武器“飞去来”一样，会反转回来给绘画者以强大的影响，产生某种反作用力。当一个人能够理解他的痛苦，是因为什么而引起的，当他理解这些苦难的意义以后，他能够忍受苦难的幅度之大令人瞠目结舌……

当看到这种表述的时候，我想起了无数的革命先烈。当他们身陷囹圄，遭受严刑拷打坚不吐露机密不做叛徒的时候，他们是怎样的心理过程？当江姐的指甲都被楔入竹签子的时候，是什么激励她忍受这种非人的折磨？只有一个解释，就是勇士们充分明白了这种苦难的意义，就是以一己的痛苦，换来普天下的幸福。荣格接着说：“心理治疗的主要目的，并不是使病人进入一种不可能的幸福状态，而是帮助他树立一种面对苦难的、哲学式的耐心和坚定。”

荣格从生理学上的进化出发，认为正如人类的身体有其历史一样，人类的心灵也有其历史。他说：“我们的心理有一条拖在后面长长的蜥蜴尾巴，这条尾巴就是家庭、民族、欧洲以及整个世界的全部历史。”自远古以来无数次重复的祖先经验，积淀在人类心理的深层，这就是不依赖于个人经验的“集体潜意识”。

荣格曾经学习汉字，把汉字当作一种可以触摸的可读的原型。他喜欢在石头上雕刻，甚至在纪念妻子爱玛的石头上，也用汉字刻着：她是我房屋的基石。而他所刻的最后一块石头上面有一个中国老人的头像，两边是银杏树的叶子，还有汉字刻成的“天人合一”。据说荣格去世前所读的最后一本书，也是关于中国禅宗的书。

现在，绘制自己内心的曼陀罗，已经成为人们探讨自己内心世界的一个好方法。

历史上，只有极少数的灵魂拥有宁静的心灵，并能洞悉自己的黑暗，我们尊称这些人为先知和圣者。其实，通过一定的探索和修炼，这种境地也不是我们普通人完全不可能抵达的彼岸，起码是可以部分地抵达吧。

灵魂的居所

正常时，每个人都有一个人格，就像每个人都有一个血型。如果谁拥有的人格超过1个，那就是病态。纪实性作品《24重人格》，说的就是一位成功的美国商人——卡梅伦·韦斯特先生，突然在某一天，发现自己的身上积聚了多达24重的人格。灵魂的居所因此变得拥挤不堪冲突不断，人生卷入了混乱的巨大旋涡，一切都出轨了。

你可能会问：人格是个什么东西？

“人格”这个词，据说是从拉丁文译过来的，指的是“演戏时应剧情需要所戴的脸谱”。

在心理学界，关于人格的定义很多，分类也很繁杂。人格看不见摸不着，却又无处不在。比如说，当人们喜爱一个人的时候，常常会说，这个人很有人格魅力。当我们表达愤慨的时候，会斥责某人人格卑劣。大家都觉得深能理解此意。不过要是追问刚刚说完这些话的那人——请教一下：什么叫做人格？估计很可能他也是一头雾水语焉不详。

人格，是一个人人会用，却又不甚了了的词。

荣格说，“人格”是由意识、个人无意识和集体无意识组成的面具，是文化要求每个人扮演的角色。

美国心理学家高尔顿·奥尔波特认为：人格就是每个人以其生理为基础而形成的一些稳定的性格特征。在卡特尔的人格测试中，他提出“人格是对人在特定情境中行为的预测”。米歇尔认为“人格是个人心理特征的统一”。伯杰认为“人格是稳定的行为方式和发生在个体身上的人际过程”……

众说纷纭。于是有人干脆把“人格”一词暂且搁置，按照自己的理解来阐释“人格”的含义。比如研究什么样人格的人才能当好官？这是把人格同性格相混淆了。有姑娘问：什么样人格的人才值得嫁？这是把人格同道德品质联系到了一起。杂志上登出：猜一猜最能挣钱的五种人格特质？干脆把人格与算命混为一谈。

我比较赞同的说法是：人格是构成一个人的思想、情感以及行为的特有模式。它具有独特性、稳定性、统和性和功能性。人格是一整套心身系统，在人的成长过程中逐渐形成，时刻能对环境的刺激做出相应的反应。说它独特，是因为每个人都与众不同。说它稳定统和，是指在一段时间内，人格有规律可寻，很难形成突变。它是和谐的，由各种要素组合而成，浑然一体。

同一个人，具有两种或是更多种完全不同的人格，就叫多重人格。《24重人格》的作者兼主人公卡梅伦·韦斯特就罹患此症，学术名称叫作“分离性身份识别障碍”。即使对专业人士来说，这也是罕见的病例，对于普通读者来说，便更费解。允许我打个不一定准确的比方——卡梅伦·韦斯特好像成了川剧绝活“变脸”的演员，瞬忽之间，形神陡变。他原本是风度翩翩的商界成功人士，是宽容有趣的丈夫，是慈爱幽默的父亲，却不料眨眼功夫就成了退缩畏葸善良懦弱的8岁男孩，马上又是霸道骄横顽劣的叛逆青年，更不可思议他还能化作温柔的12岁少女脉脉含情……总之，各种嘴脸腾挪跌宕呼风唤雨，间不容发眼花缭乱。

一共有多少种角色呢？本书中，主人公历数他身上共存的角色，共计24

种。就像一栋大房间里，住了整整两打房客。哦哦，说房客似乎不大准确，应该说是居住着24位司令官，轮番发号施令。彼此性格不同面目不同，行事风格也各有千秋，你方唱罢我登台，熙熙攘攘好不热闹。看到这里，你一定要紧皱着眉说，这似乎不大妙。是的，岂止是不大妙，简直是军阀混战天下大乱！为了不让读者们一头雾水，作者特地在本书的扉页上列出了一张“人格清单”。建议您千万不要忽略了这张清单，它非常要紧，是你阅读此书的不倦向导。不然的话，你很可能被这些人格的化身吵得头脑发涨，险些失去阅读的耐心。倘如真是那样，你就和一本重要的心理学著作失之交臂啦！

人格这个东西，绝不能没有。如果说某个人丧失了人格，将是非常严重的指控，基本上就等同于把他从人类社会开除出去了。当然，也绝不能太多。比如《24重人格》这本书中的卡梅伦·韦斯特先生，拥有了24重人格，濒临崩溃的边缘，生活被搞得一团糟。他不得已放弃了工作，住进了精神病院，多次自伤鲜血淋淋，妻子差点离开了他，孩子也陷入巨大的迷惘混乱之中……

作为一个正常人，我们很难想象，在一个人有限的身体里，壅塞了24种截然不同的人格，会怎样倒海翻江？韦斯特一步步描绘了这场突如其来的劫难，让人不寒而栗。那些喷涌的鲜血，虚无缥缈的字迹，脸上不断变幻的表情和毫无连贯的词语，就是这种人格大拼盘的惨痛写照。韦斯特带着我们一步步经历他内心的崩塌和陷落，体验他的恐惧、无奈和悲愤。我们为世界上曾有人遭受过这种罕见的折磨和苦难，心乱如麻，心急如焚。从这个意义上说，《24重人格》提供了非常翔实而真切的心理病理标本。书中有一页插画触目惊心，那是韦斯特发病时，用鲜血在纸上写下的“救命”二字。虽油墨为黑，但映入眼帘，会感到喷薄而出的殷红与烧灼。

在深入了解韦斯特的痛苦之后，一个冷峻的问题凸显而出：这些杂芜喧嚣的人格，是如何诞育的？韦斯特何以深受其害无法自拔？他会在开车时，变成一个混沌无知的低能儿，连油门在哪儿都不知道。也可能在夫妻亲热时，忽然变成年幼的孩童惊惶失措……

在心理医生和妻子的帮助下，韦斯特潜入冰冷的童年之海，打捞出了可怕的记忆残骸。

韦斯特4岁的时候，被外婆残忍地性骚扰，而后又被亲生母亲强迫乱伦……因为太惨烈，年幼的韦斯特只有选择彻底忘记，才能维持自身脆弱的尊严感。他遗忘的方法，就是创立了一个又一个的分身，由他们承担起这份奇耻大辱和哀痛与激愤。分身们像滋生的蘑菇一般躲在阴暗的角落里，韦斯特在表面的平静中苟且度日。可惜这方法可奏效于一时，却不能带来永久的平复。终于有一天，分身们蜂拥而出，各自为政，撕扯着韦斯特，分裂着韦斯特，彻底捣毁了韦斯特的生活，给他带来了灭顶之灾。

跟随着韦斯特的笔触，我们看到他如何坚韧地寻求着自我救赎之路。亲人们鼎力相助，帮他将众多的人格一一整合。韦斯特终于在心理医生的引导下，在高科技录像技术的展示下，看到了一个个分身活灵活现的表演。他开始直面自己的病态，承认自己罹患重症，和众多分身们达成协议。在勇敢地对质和谴责了当年迫害者们的罪行之后，他渐渐地走向了康复。

这就是韦斯特的经历，令人扼腕叹息。也许有人会说，毕竟是太罕见了，只当听一个遥远的故事。其实，本书为我们提供的意义远大于此。

每个人的内心，都有一间仓库。我们所经历过的事情和情感，都被一一输送到仓库里，分门别类地储存起来。其中有一些贴着精致美丽的标签，那是让人欢愉的美好回忆，我们十分乐意时时拉开抽屉，欣赏一番。也许还会拿出来展示，与亲朋们分享。那些让人不愉快的记录，我们将它们贴上封条，放在犄角旮旯处，恨不能闭目塞听，永不开启。也许在哪个不经意的瞬间，那扇小门冷不丁地弹开了，我们会忙不迭地关上，愁眉不展。

我们以为这就是全部的库藏了。其实，并非如此。有一些最不堪回首的惨烈记忆，被我们深深地掩埋在心灵库房的地下，化作了冰冷僵硬的泥土。

然而，负面的能量不会自动消失。如果没有正确的清理和根除，它们会在地下发酵，滋生出越来越密厚的复仇菌丝。终于有一天，它们遏制不住地爆发出来，让人们抑郁、沮丧、烦躁、悲观、绝望……甚至，衍生出陌生而诡异的人格，操控我们的生命。

韦斯特遇到的是极端事件，一般人的隐痛，可能没有这般惊心动魄。但他疗治心理暗疾的过程，却为我们提供了宝贵的参照系。

我们的问题各种各样：也许是死亡，仇杀，贫穷，卑微，嘲讽，诬陷……也许是父母的偏心，师长的漠视，伙伴的孤立，亲人的责难，陌生人的轻蔑，长辈的鄙视……创伤无分大小，只在乎那印记是否深及骨髓？来自异性的一个不经意的嘲弄，蕴含的杀伤力可能堪比核武器。这些回忆沉积在你心里，让你永无忘怀，如同威力强大的定时炸弹，潜伏在你人生的礁盘中，不知道什么时机，轰然起爆，污染你生命的海洋。

怎么让内心永远保持澄澈呢？诀窍只有一个，就是敢于正视心底的负面能量，决不退却。无论它多么邪恶和不可一世，你已经长大，你已经强有力，你已经安全。你可以战胜它们，粉碎它们。很多时候，我们恐惧的其实并不是事件本身，而是莫可名状的虚弱感。只要心灵强健，过往的伤害就变成了纸老虎，灰飞烟灭。

韦斯特是值得我们尊重和学习的，他敢于一个接一个挖开尘封多年的仓库地下室，寻找让自己无法面对的严酷真相。当他终于直面这段历史，并接纳了自己的分身之后，力量与和谐就回到了他的身上。他完成了心理学的博士课程，成为了一位临床心理学家。

掩卷之后，我们发现了人人都可能有一座心理地库。打开门，挖下去，拂去尘封的蛛网，清理旧物，让阳光照进暗室，从此让那里宽敞明亮，是你的责任。

人格这东西，有一个就够用了。它坚定友爱勇敢仁慈智慧安宁……

无形容颜

看警匪片，匪徒杀人越货，都要把脸面蒙起来。讲究点的用面罩，简陋点的用丝袜。我有时不由自主地瞎琢磨，这袜子是旧的洗干净了还是特意新买的？

不管怎么说，这证明脸面实在非常重要。每个人出门在外，面向他人时都有一副容颜，或姣好或丑陋，此乃上天与父母合谋的奉送。它是一件非自主选定的商品，无处退换。不论满意与否，你都得义无反顾地佩戴下去，还需忍受它的褪色与破旧，直至与身俱灭。虽说整形与美容术，可使某些乏善可陈的相貌，得到部分修理订正，但从根本上讲，我们的脸，都是造化随机派送的礼物。绝非不喜欢就可轻易扒下，再换一张新品的卡通画片。

然而事情又有些怪异，按说千人千面，绝不雷同，但每逢分手之后，我追忆熟悉的朋友或新结识的诸色人等，他们的脸往往如淋了雨的泥娃娃，五官模糊成团。心屏上浮起的只是一汪暗影，好像柏油路上水渍洇开的油迹，朦胧浮动，难以界定。淡去的眉眼缩略简化成某种符号——亲切或是寒冷的感觉，温馨或是漠然的情致，和谐或是嘈杂的音调。或许干脆涌出一片颜色：柔润的夕阳红，华贵的荸荠紫，神秘的宇航灰或污浊的狗尾巴黄……更多时候，一提到某个名字，与之相关的那张具体的脸，仿佛突然被巨型消字灵涂掉，代之一股情绪的云雾，或愉悦或厌倦，弥漫心头。

早先以为自己有残疾，脑里专管录像的那一部分遭了虫蛀，成了破包袱皮，再也包裹不住有关相貌的记忆。后来年事渐长，与人交流，才知天下犯有这等神经恍惚毛病的人颇不少。方悟到——这人的脸面，乃是一个变数。

眼光直接注视的时候，对方的眉目自然是清晰的。可惜心灵的感光，基本上像一次成像的机器，而且不保存底片。加上人的记忆有自我保护机制——不可能把时时处处的景色都铭记在心。所以，一般来说，有形的面容一旦撤离视野，记忆就像清道夫似地收拾残局，大而化之地分门别类，一一归档。人的有形容貌，如无特殊理由，无法每一个人都恒久烙下记忆，头脑卷宗收留的只是

提炼过的印象。比如这个人面善，那个人看起来比较狡猾要提防等等。

世上资产，分为有形和无形两种。无形资产的定义，我以为是指超出物质的实际价值，由于你卓越的努力，在人们心目中形成的信任——简言之，它是你的名字进入他人耳鼓时，呼唤起的一种美好印象。

摈除其中的商业因素，对于人的容颜来说，或可借用这个概念。

脸后有脸。

上天赋予我们的——端正或歪斜的眉眼，粗糙或光滑的皮肤，颀长或愚笨的身材，完整或残缺的四肢……均是我们有形的容颜。每个人后天创造发展的性格品行能力，就是属于你的无形容颜。

无形脸有正负之分。一个人只有美丽的外表，却没有相应的内在质量，初次结识时秀丽外形所留下的愉悦印象，犹如沙上之塔，很快便会被残酷的现实潮水冲刷得千疮百孔。无形容颜的毁灭，像一场精神的天花症，人际关系一旦被传染，犹如多米诺骨牌訇然倒塌。从此提起你的时候，人们会遗憾甚或恼怒地说，那个人啊，金玉其外，败絮其中。

无形脸不会衰老。只要我们浇灌慧根，磨砺意志，拓展胸臆，它便会从幼年开始，如同花树一般渐渐生长。直至轮廓分明，明眸皓齿，青丝不老，慈眉善目……岁月流逝，沧海桑田，但在欢喜你亲近你的眼光中，你所留下的形象始终如一，引起的感觉永恒温暖。比如远行的双亲，纵是白发苍苍，在儿女们心中，依旧盛年音容，丰采卓然。

我们习惯以思为笔，在心灵之纸上勾勒众人容貌。它和古时衙门的“画影图形”不同，与真实的形象已无关联，只对诚挚的情感负责。无形容貌是想象和判断的产物，摒弃工笔，重在写意。它缥缈着，却比分毫不差的实照，具有更持久更猛烈的魅力。

无形脸可以美丽也可以丑陋，能怒火中烧也能垂头丧气，会神采奕奕也会惨淡无光。无形容颜的营造，也像一门古老的手艺，师傅领进门，修行在个人。如果你背信弃义，无形脸的画布上，就留下贼眉鼠眼的一笔。如果你阿谀奉承，画布上就面色萎黄形色猥琐。如果你恃强凌弱，画布上就口眼歪斜色厉内荏。如果你居心叵测，画布上就张着血盆大口。如果你聪慧机警，画布上就眉清目秀伶牙俐齿。如果你襟怀坦荡，画布上就浩然正气流注天庭。

我们对有形的容颜可以心平气和，随遇而安。对无形的容颜却要百尺竿头，精益求精。有形的容颜可以有瑕疵而不坠青云之志，无形的容颜不能被污染变得肮脏受伤而无动于衷。

有形的脸可存不完美，无形的脸必得常修炼。

珍惜每个人的无形脸，它是品德签发的通行证。凭着优雅忠诚的无形容颜，我们可以在萍水相逢的一瞬，遭遇千金难买的信任，转危为安。我们可以在旋转的大千世界，找到志同道合的朋友，共赴天涯。

走出黑暗巷道

我们要关怀自己的心理健康，保护它，医治它，强壮它，而不是压迫它，掩盖它，蒙蔽它。只有正视伤痛，我们的心，才会清醒有力地搏动。

走出黑暗巷道

那个女孩子坐在我的对面，单薄而脆弱的样子，好像一只被踩扁的冷饮蜡杯。我竭力不被她察觉地盯看着她的手——那么小的手掌和短的手指，指甲剪得秃秃，仿佛根本不愿保护指尖，恨不能缩回骨头里。

就是这双手，协助另一双男人的手，把一个和她一般大的女孩子的喉管掐断了。

那个男子被处以极刑，她也要在牢狱中度过一生。

她小的时候，住在一个小镇上，是个很活泼好胜的孩子。一天傍晚，妈妈叫她去买酱油，在回家的路上，她被一个流浪汉强暴了。妈妈领着她报了警，那个流浪汉被抓获。他们一家希望这件事从此被人遗忘，像从没发生过那样最好。但小镇的人对这种事，有着经久不衰的记忆和口口相传的热情。女孩在人们炯炯的目光中，渐渐长大，个子不是越来越高，好像是越来越矮。她觉得自己很不洁净，走到哪里都散发出一种异样的味道。因为那个男人在侮辱她的过程中，说过一句话：“我的东西种到你身上了，从此无论你在哪儿，我都能把你找到。”她原以为时间的冲刷，可以让这种味道渐渐稀薄，没想到随着年龄加大，她觉得那味道越来越浓烈了。让人怪异的嗅觉，像尸体上的秃鹫一样盘旋着，无时不在。她断定世界上的人，都有比猎狗还敏锐的鼻子，都能侦察出这股味道。于是她每天都哭，要求全家搬走。父母怜惜越来越皱缩的孩子，终于下了大决心，离开了祖辈的故居，远走他乡。

迁徙使家道中落。但随着家中的贫困，女孩子缓缓地恢复了过来，在一个没有人知道她过去的地方，生命力苏醒了，鼻子也不那么灵敏了。在外人眼里，她不再有显著的异常，除了特别爱洗脸和洗澡。无论天气多么冷，女孩从不间断地擦洗自己。由于品学兼优，中学毕业以后她考上了一所中专。在那所人生地不熟的学校里，她人缘不错，只是依旧爱洗澡。哪怕是只剩吃一顿晚饭的钱了，宁肯饿着肚子，也要买一块味道浓郁的香皂，把全身打出无数泡沫。她觉得比较安全了，有时会轻轻地快速微笑一下。童年的阴影难以扼制青春的活力，她基本上变成一个和旁人一样的姑娘了。

这时候，一个小伙子走来，对她说了一句话：我喜欢你，喜欢你身上的味道。她在吓得半死中，还是清醒地意识到，爱情并没有嫌弃她，猛地进入到她的生活中来了。她没有做好准备，她不知道自己能不能爱，该不该同他讲自己的过去。她只知道这是一个蛮不错的小伙子，自己不能把射来的箭，像个印第安土人的“飞去来”似的，再让它飞回去。她执著而痛苦地开始爱了，最显著的变化是更频繁地洗澡。

一切顺利而艰难地向前发展着，没想到新的一届学生招进来。一天，女孩在操场上走的时候，像被雷电劈中，肝胆俱碎。她听到了熟悉的乡音，从她原先的小镇，来了一个新生。无论她装出怎样的健忘，那个女孩子还是很快地认出了她。

她很害怕，预感到一种惨痛的遭遇，像刮过战场的风一样，把血腥气带了来。

果然，没有多久，关于她幼年时代的故事，就在学校流传开来。她的男朋友找到她，问，那可是真的？

她很绝望，绝望使她变得无所顾忌，她红着眼睛狠狠地说，是真的！怎么样？

那个小伙子也真是不含糊的，说，就算是真的，我也还爱你！

那一瞬，她觉得天地变容，人间有如此的爱人，她还有什么可怕的呢！还有什么不可献出的呢！

于是他们同仇敌忾，决定教训一下那个饶舌的女孩。他们在河边找到她，对她说，你为什么说我们的坏话？

那个女孩有些心虚，但表面上却更嚣张和振振有辞。说，我并没有说你们的坏话，我只说了有关她的一个真事。

她甚至很放肆地盯着爱洗澡的女孩说，你难道能说那不是一个事实吗？

爱洗澡的女孩突然就闻到了当年那个流浪汉的味道，她觉得那个流浪汉一定是附体在这个女孩身上，千方百计地找到她，要把她千辛万苦得到的幸福夺走。积攒多年的怒火狂烧起来，她扑上去，撕那饶舌女生的嘴巴。一边对男友大吼说，咱们把她打死吧！

那男孩子巨蟹般的双手，一把掐住了新生的脖子。

没想到人怎么那么不经掐，好像一朵小喇叭花，没怎么使劲，梗就断了，再也接不上了。女孩子直着目光对我说，声音很平静。

我猜她一定千百次地在脑海中重放过当时的影像，不明白生命为何如此脆弱，为自己也为他人深深困惑。热恋中的这对凶手惊慌失措，他们看着刚才还穷凶极恶现在已了无生息的传闲话者，不知道下一步该怎样动作。

咱们跑吧。跑到天涯海角。跑到跑不动的时候，就一道去死。他们几乎是同时这样说。

他们就让尸体躺在发生争执的小河边，甚至没有丝毫掩盖。他们总觉得她也许会醒过来。匆忙带上一点积蓄，窜上了火车。不敢走大路，就漫无目的地奔向荒野小道，对外就说两个人是旅游结婚。钱很快就花光了，他们来到云南一个叫“情人崖”的深山里，打算手牵着手，从悬崖跳下去。

于是拿出最后一点钱，请当地老乡给做一顿好饭吃，然后就实施自戕。老乡说，我听你们说话的声音，和新闻联播里的是一个腔调，你们是北京人吧?

反正要死了，再也不必畏罪潜逃，他们大大方方地承认了。

我一辈子就想看看北京。现在这么大岁数，原想北京是看不到了。现在看到两个北京人，也是福气啊。老人说着，倾其所有，给他们做了一顿丰盛的好饭，说什么也分文不取。

他们低着头吃饭，吃得很多。这是人间最后的一顿饭了，为什么不吃得饱一点呢。吃撑之后，他们很感激也很惭愧，讨论了一下，决定不能死在这里。因为尽管山高林密，过一段日子，尸体还是会被发现。老人听说了，会认出他们，会痛心失望的。他一生看到的唯一两个北京人，还是被通缉的坏人。对不起北京也就罢了，他们怕对不起这位老人。

他们从情人崖走了，这一次，更加漫无边际。最后，不知是谁说的，反正是一死，与其我们死在别处，不如就死在家里吧。

他们就向回走。刚一回到家，就被逮捕了。

她对着我说完了这一切，然后问我，你能闻到我身上的怪味吗?

我说，我只闻到你身上有一种很好闻的栀子花味。

她惨淡地笑了，说，这是一种很特别的香皂，但是味道不持久。我说的不是这种味道，是另外的……就是……你明白我说的是什么……闻得到吗?

我很肯定地回答她，除了栀子花的味道，我没有闻到任何其他的味道。

她似信非信地看着我，沉默不语，过了许久，才缓缓地说：今生今世，我再也见不到他了。就是有来生，天上人间苦海茫茫的，哪里就碰得上！牛郎织女虽说也是夫妻分居，可他们一年一次总能在鹊桥见一面。那是一座多么美丽和毛茸茸的桥啊。我和他，即使相见，也只有在奈何桥上。那座桥，桥墩是白骨，桥下流的不是水，是血……

我看着她，心中充满哀伤。一个女孩子，幼年的时候，就遭受重大的生理和心理创伤，又在社会的冷落中屈辱地生活。她的心理畸形发展。暴徒的一句妄谈，居然像咒语一般，控制着她的思想和行为。她慢慢长大，好不容易恢复了一点做人的尊严，找到了一个爱自己的男孩。又因为这种黑暗的笼罩，不但把自己拖入深渊，而且让自己所爱的人走进地狱。

旁观者清。我们都看到了症结的所在。但作为当事人，她在黑暗中苦苦地摸索，碰得头破血流，却无力逃出那桎梏的死结。

身上的伤口，可能会自然地长好，但心灵的创伤，自动修复的可能性很少。我们能够依赖的只有中性的时间。有些创伤虽被时间轻轻掩埋，表面上暂时看不到了，但在骨肉深处，依然存有深深的窦道。一旦风云突变，那伤痕就剧烈地发作起来，敲骨吸髓地痛楚。

我们每个人，都有一部精神的记录，藏在心灵的多宝格内。关于那些最隐秘的刀痕，除了我们自己，没有人知道它陈旧的纸页上滴下过多少血泪。不要乞求它会自然而然地消失，那只是一厢情愿的神话。

重新揭开记忆疗治，是一件需要勇气和毅力的事情。所以，很多人宁可自欺欺人地糊涂着，不愿清醒地焚毁自己的心理垃圾。但那些鬼祟也许会在某一个意想不到的瞬间，幻化成形，牵引我们步入歧途。

我们要关怀自己的心理健康，保护它，医治它，强壮它，而不是压迫它，掩盖它，蒙蔽它。只有正视伤痛，我们的心，才会清醒有力地搏动。

心情拒绝创可贴

我有过若干次讲演的经历，在北大和清华，在军营和监狱，在农村土坯搭建的课堂和美国最奢华的私立学校……面对从医学博士到纽约贫民窟的孩子等各色人群，我都会很直率地谈出对问题的想法。在我的记忆中，有一次的经历非常难忘。

那是一所很有名望的大学，约过我好几次了，说学生们期待和我进行讨论。我一直推辞，我从骨子里不喜欢演说。每逢答应一桩这样的公差，就要莫名地紧张好几天。但学校方面很执著，在第N次邀请的时候说：该校的学生思想之活跃甚至超过了北大，会对演讲者提出极为尖锐的问题，常常让人下不了台，有时演讲者简直是灰溜溜地离开学校。

听他们这样一讲，我的好奇心就被激励起来，我说，我愿意接受挑战。于是，我们就商定了一个日子。

那天，大学的礼堂挤得满满，当我穿过密密的人群走向讲台的时候，心里涌起怪异的感觉，好像是“文革”期间的批斗会场，不知道今天将有怎样的场面出现。果然，从我一开始讲话，就不断地有条子递上来，不一会儿，就在手边积成了厚厚一堆，好像深秋时节被清洁工扫起的落叶。我一边讲课，一边充满了猜测，不知树叶中潜伏着怎样的思想炸弹。讲演告一段落，进入回答问题阶段，我迫不及待地打开了堆积如山的纸条，一张张阅读。那一瞬，台下变得死寂，偌大的礼堂仿若空无一人。

我看完了纸条，说，有一些表扬我的话，我就不念了。除此之外，纸条上提的最多的问题是——“人生有什么意义？请你务必说真话，因为我们已经听过太多言不由衷的假话了。”

我念完这个纸条以后，台下响起了掌声。我说你们今天提出这个问题很好，我会讲真话。我在西藏阿里的雪山之上，面对着浩瀚的苍穹和壁立的冰川，如同一个茹毛饮血的原始人，反复地思索过这个问题。我相信，一个人在他年轻的时候，会无数次地叩问自己的胸膛——我的一生，到底要追索怎样的意义？

我想了无数个晚上和白天，我终于得到了一个答案。今天，在这里，我将非常负责地对大家说，我思索的结果是：人生是没有任何意义的！

我这句话说完，全场出现了短暂的寂静，如同旷野。但是，紧接着，就响起了暴风雨般的掌声。

那是我在讲演中获得的最激烈的掌声。在以前，我从来不相信有什么“暴风雨般的掌声”这种话，觉得那只是一个拙劣的比喻。但这一次，我相信了。我赶快用手做了一个“暂停”的手势，但掌声还是绵延了若干时间。

我说，大家先不要忙着给我鼓掌，我的话还没有说完。我说人生是没有意义的，这不错，但是——我们每一个人要为自己确立一个意义！

是的，关于人生的意义的讨论，充斥在我们的周围。很多说法，由于熟悉和重复，已让我们从熟视无睹滑到了厌烦唾弃。可是，这不是问题的真谛。真谛是，别人强加给你的意义，无论它多么正确，如果它不曾进入你的心理结构，它就永远是身外之物。比如我们从小就被家长灌输过人生意义的答案。在此后漫长的岁月里，谆谆告诫的老师和各种类型的教育，也都不断地向我们批发人生意义的补充版。但是，有多少人把这种外在的框架，当成了自己内在的标杆，并为之下定了奋斗终生的决心？

那一天结束讲演之后，我听到有同学说，他觉得最大的收获是听到有一个活生生的中年人亲口说，人生是没有意义的，你要为之确立一个意义。

其实，不单是中国的青年人在目标这个问题上飘忽不定，就是在美国的著名学府哈佛大学，也有很多人无法在青年时代就确立自己的目标。我看到一则材料，说某年哈佛的毕业生临出校门的时候，校方对他们做了一个有关人生目标的调查。结果是27%的人，完全没有目标。60%的人目标模糊。10%的人有近期目标。只有3%的人，有着清晰而长远的目标。

25年过去了，那3%的人不懈地朝着一个目标坚忍努力，成了社会的精英，而其余的人，成就要相差很多。

我之所以提到这个例子，是想说明在人生目标的确立上面，无论中国还是外国的青年，都遭遇到了相当程度的朦胧或是混沌状态。有人会说，是啊，那又怎么样？我可以一边慢慢成长，一边寻找自己的人生意义啊。我平日也碰到很多青年朋友，诉说他们的种种磨难。我在耐心地听完那些蹂躏他们的烦心事之后，把他们渴求帮助的目光撇在一旁。我问，你的人生目标是什么呢？

他们通常会很吃惊，好像怀疑我是否听懂了他们的愁苦，甚至恼怒我为什么对具体的问题视而不见，而盘问他们如此不着边际的空话。更有甚者，以为我根本就没有心思听他们说话，自己胡乱找了个话题来搪塞。

我会迎着他们疑虑的目光，说，请回答我的这个问题，你为什么而活着呢？

年轻人一般会很烦恼地说，这个问题太大了，和我现在遇到的事没有一点关联。我会说，你错了。世上的万物万事都有关联。有人常常以为情绪上的事只和单一的外界刺激有关，就事论事，其实情绪和人生的大目标有着纲举目张的紧密联系。很多心理问题，实际上都是人生的大目标出现了混乱和偏移。

举个例子。一个小伙子找到我，说他为自己说话很快而苦恼，他交了一个女朋友，感情很好。但女孩子不喜欢他说话太快。一听他口若悬河滔滔不绝地说个没完，女孩就说自己快变成大头娃娃了。还说如果他不改掉这毛病，就不能把他引见给自己的妈妈，因为老人家最烦的就是说话爱吐唾沫星子的人。

你说我怎么才能改掉说话太快的毛病？他殷切地看着我，闹得我都觉得如果不帮他这个忙，简直就成了毁掉他一生的爱情和事业的凶手。

我说，你为什么要讲话那么快呢？

他说，如果慢了，我怕人家没有耐心听完我的话。您知道，现今的社会，节奏那么快，你讲慢了，人家就跑了。

我说，如果按照你的这个观点发挥下去，社会节奏越来越快，你岂不是就得天天说绕口令了？你的准丈母娘并不是这样的人啊，她就喜欢说话速度慢一点并且注意礼仪的人啊。

他说，好吧，就算你说的这两种人都可以并存，但我还是觉得说话快一些，比较占便宜，可以在单位时间内传达更多的信息。

我说，那你的关键就是期待别人能准确地接受你的信息。你以为只有快速发射信息才是唯一的途径。你对自己的观点并不自信？

他思忖着说，正是这样。我生怕别人不听我的，我就快快地说，多多地说。

当他这样说完之后，连自己也笑起来。我说，其实别人能否接受我们的观点，语速并不是最重要的。而且，你能告诉我，你为什么这样在意别人是否能接受你的观点吗？

这个说话很快的男孩突然语塞起来，忸怩着说，我把理想告诉你，你可不要笑话我。

我连连保证绝不泄密，他说，我的理想是当一个政治家。所有的政治家都很雄辩，你说对吧？

我说，这咱们就比较接触到了问题的实质。要当一个政治家，第一要自信。他们的雄辩不是来自速度，而是来自信念。一个自信的人，不论说话快还是慢，他们对自我信念的坚守会流露出来，会感染他人。我知道你有如此远大的理想，这很好。你要做的事，不是把话越说越快，而是积攒自己的力量，让自己的信念更加坚定，然后才有可能传布给更多的人。

那一天的谈话到此为止。后来，这个男生告诉我，他讲话的速度不知不觉就慢了下来，也被批准见到了自己的准丈母娘，听说很受欢迎。

这厢刚刚解决了一个说话快的问题，紧接着又来了一位女硕士，说自己的心理问题是讲话太慢，周围的人都认为她有很深的城府，不敢和她交朋友，以为在她那些缓慢吐出的话语背后，隐藏着怎样的阴谋。

我试了很多方法，却无法让自己说话快起来，烦死了。她慢吞吞地对我这样说，语速的确有一种压抑人的拖沓迟缓，好像在每句话的背后还隐藏着另一句话。

她急迫的神情，证明她非常焦虑。

我说，你讲每一句话是否都要经过慎重的考虑？

她说，是啊。如果不考虑，讲错了话，谁负得了这个责？

我说，你为什么特别怕讲错话？

女硕士说，因为我输不起。我家庭背景不好，家里有犯罪的人，周围的人都看不起我们。很穷，从小靠亲戚的施舍才坚持下学业。我生怕一句话说差了，人家不高兴，就不给我学费了。所以，连说一句“您吃了吗”这样中国人最普通的问候话，我也要三思而后行。我怕人家说，你自己连饭都吃不饱，也配来问别人吃饭的事儿。

听到这里，我一阵心酸。我说我明白了。你觉得自己的每一句话都可能引致他人的误解，给自己造成不良影响。

女硕士连连点头说，对对，正是这样。

我笑了，说，你这一句话说得并不慢。

她说，那我是相信你不会误会我。

我说，这就对了。你说话速度慢，不是一个技术性的问题，是你不能相信别人。你是否准备一辈子都不相信任何人？如果是这样的话，我断定你的讲话速度是不会改变的。如果你从此相信他人，讲话的速度自然会比较适宜，既不会太慢，也不会太快，而是能收放自如。

那个女生后来果然有了很大的改变，她的人际关系也有了进步。

今天我们从一个很大的目标谈起，结果要在一个很小的地方结束。我想说，一个人的心理是一座斗拱飞檐的宫殿，这座宫殿的基础就是我们对自己人生目标的规划和对世界对他人的基本看法。一些看起来是技术和表面的问题，其实内里都和我们的基本人生观有着千丝万缕的联系。心理问题切不可头痛医头脚痛医脚，那就如同创可贴，只能暂时封住小伤口，却无法从根本上让我们的精神强健起来。

千头万绪是多少？

千头万绪这个词，有一种沸沸扬扬的夸张和缠人喉咙的窒息感，让人心境沮丧，捉襟见肘。像一个烂泥潭，一不留神陷进去，会被它掩了口鼻，呛得两眼翻白。严重到甚或丢了性命，也说不定。

现代人很常用——或者简直就是爱好用这个词，来描绘自己的生存状况。常常听到人们说自己的麻烦——千头万绪，要干的工作——千头万绪，待处理的事物——千头万绪，需承担的责任——千头万绪……千头万绪几乎成了一条赖皮狗，死打烂缠地咬住每位现代人的脚后跟，斥之不去。

千头万绪是一个主观的判断，一个带有夸张的形容词。对一个普通人来说，世上就真有一万件事，非得你御驾亲征不可？

当我们认定自己进入了千头万绪这一局面的时候，心先就慌了。披头散发，眉毛胡子一把抓，天空也随之阴霾，PM2.5爆表。因为紧迫，就慌不择路。结果是线头越搅越多，原本可以解开的结，也成了死扣。

千头万绪有一种邪恶的威慑力，恐惧和慌乱是它的左膀右臂。一旦被这几个魔头统治了心神，我们在灾难的海市蜃楼面前，往往顿失镇定和勇气。

我认识一位女友，当她说到自己近况时，脸色晦暗，手指颤抖，嘴唇也无目的地扭曲了，显出干涸辙印中小鱼的表情。

她的确是遇到了足够的麻烦。丈夫外遇十年，愈演愈烈。儿子正逢高考，模拟考试成绩很不理想。她接手奋战了一年的科研项目，已到了关键时刻。她的高血压又犯了，整天头晕。昨天上街由于精神恍惚，被小偷割裂了书包，偷走了上千元钱。她的邻居在装修房屋，每天电钻声吵得耳鼓爆炸……

有的时候，真想一死了之！千头万绪啊，我看不到一点光明！她这样说着，狠狠捶击着自己的太阳穴。

我说，我能体会到你心中的痛楚和无奈。你想改变这一切，但感到自己绝望和孤独。我们先找到一张白纸，把你最感痛苦烦恼的事件写下来，然后我们看看，有什么办法可以逐个解决它们？

洁白的纸，铺在桌面，如同一片无瑕的雪地。左写起因，右写对策。女友提笔写下：

1. 夜里睡不好觉。因为电钻太吵。

我很惊讶地问她，那装修的人家，居然敢冒天下之大不韪，在夜里开动电钻？

女友愣了一下，然后说，那倒不是。楼下孀居多年的邻居要再嫁了，房屋不装修实在当不了新房。那家事先已出了安民告示，并于晚6点以后，不再使用电钻。

我说，这样说，你睡不好觉，就另有原因，并不能归罪于电钻了？

她对着白纸，看了半天，仿佛不认识自己写下的那一行字。然后把“电钻”云云删去了，在对策一栏里，写下——吃两片安眠药。

嗨！别停。请继续整理你的烦恼。我说。

2. 丈夫外遇十年。

真是一个折磨人的大难题。我定定神问，你最近才知道吗？

她嘶哑地答，早知道了。

我说，你打算最近采取行动，彻底解决这个问题吗?

她思忖着说，时机还不成熟。无论是离婚还是敦促他痛改前非，都需要时间。

我说，那它是可以从长计议的，也就是目前采取的对策是等待。

女友点点头。

3. 昨天丢了一千块钱。

我说，真倒霉啊，对你雪上加霜。你报案了吗?

她说，报了。但是没寄什么希望。

我说，那就是说，你基本上觉得这笔损失是不可挽回的啦?

她很快地回答，是啊。

我说，不一定呵。也许你不停地愁苦下去，把自己的太阳穴敲出一个透明窟窿，小偷会良心发现，把那笔钱送回来。

她扑哧一声笑了，说，瞧你说的。那小偷根本就不知道我是谁，哪怕我今天自杀了，他也不会发慈悲的。

我正色道，说得好。这笔损失，并不因你的痛楚，而有复原的可能。

女友想了想，就把这一条划掉了，重写了一个“3. 孩子考不上大学”。

我陪着她深深地叹了一口气，然后问她，你是直到今天才意识到孩子上大学无望吗?

她摇摇头，说，他学习成绩一直不好，这结果其实已在意料之中。以前总幻想能出现一个奇迹，现在彻底破灭了。

我说，不符合实际的幻想破灭，你说是件好事还是坏事?

她明白了我的用意，但还是很沉重地说，面对残酷的现实，总是让人难以接受。

我说，是啊。但事实是否因你的不接受，而有改变的可能呢?

女友说，我还是很希望孩子能有接受高等教育的机会啊。

我说，此次没有考上大学，并不意味着孩子永远失去了接受高等教育的机会。

她突然抓住我的手说，你的意思是还有机会？

我说，你觉得呢？我记得你就是通过自学直接考取的研究生啊。

她沉默了很长的时间，然后一字一顿地说，是啊。孩子已经18岁了，教会他如何应付困境，也许更重要。于是她写下对策——重新来。继续下去。

4. 高血压。

我说，你的血压是否已经像珠穆朗玛一样，成了世界上的第一高峰了呢？

她有些气恼了，说，我真的很痛苦，你却在这里穷开心。

我把脸上的笑容收起，说，对于病，也要有一个战略藐视战术重视的应对。我相信你的高血压并非到了药石罔效的地步，只要按时吃药，是可以控制的。你服药很可能不守医嘱。

她有些不好意思，反问，你怎么知道的？

我说，别忘了，我还是有20多年医龄的老大夫。你瞒不过我的火眼金睛。

女友老老实实地交代说，一忙起来，就忘了。她规规矩矩地写上对策——遵医嘱。

女友的脸色渐渐平稳，但她还是愁肠百结地写下了最后一条。

5. 科研任务紧迫。

我说，关于此项艰巨的任务，你承担了一年。现在到了最后攻关阶段，你是否已对自己丧失信心？

她很坚定地回答，没有。只是我的心情不好，你知道，对于一个搞研究的人来说，心情就是生产力啊。

我一拍她的手掌说，你讲得好！但心情是纯属你精神领域的感觉，你为什么不使自己的心情明亮起来呢？

她说。讲得轻松！不挑担子肩不疼。我这里千头万绪，哪里就亮得起来！

我含笑说，看看你的千头万绪，还剩下了多少？

那张洁白的纸上，写着：

失眠——安眠药

丈夫外遇——从长计议

(丢钱——自认倒霉)

儿子未考上大学——重新来

高血压——遵医嘱

科研攻关——好心情

她看了一遍又一遍，好像不相信自己的千头万绪，已细化成如此简明扼要的条款。看来，我只要今晚吃上两片安眠药，明早醒来，阳光就依旧灿烂？她有些半信半疑。

我说，当所有的头绪都搅在一起的时候，的确很可怕。它们使我们的心情变得极为恶劣，智力陡然下降，判断连续失误，于是事情就进入了一个更糟糕的怪圈。把它们理清，列出对策，就可以逐一攻克了。好心情并不来源于一帆风顺，而是生长于从容和坚定的勇气中啊。

女友说，哈！我知道啦！我们每个人都有长出好心情的土地，就看你是否耕耘。

如果生气是一匹野马

人是不可能不生气的。人完全不生气，和死人差不多。但人又不能总生气，那样真真会被气死。

如果生气是一匹野马，我们不能被他驮着疯跑，而是要驾驭它。

咱们先做个小测验。请您一路看下来我写在下方的这些字词。

生气、负气、赌气、怄气、不满、动火、发怒、愤慨、冒火、震怒、恼羞成怒、怒火中烧、火冒三丈、气急败坏、怒气冲冲、雷霆大发、暴跳如雷、怒发冲冠、义愤填膺、勃然大怒、怒不可遏……

唔，怎么样？您会不会不由自主地呼吸增快，心跳增强，情绪开始动荡，负面感觉聚集……

瞧，这还不是真遇到了让您生气的事儿，只是看了一些描写我们生气程度渐增的词语，我们的身体就做出了不愉悦的反应。

说起“生”这个字，身世足够古老。在甲骨文中，就有它的踪影。它是象形的，上面是初生的草木，下面代表土壤。也就是说，它的本意是个动词，表示草木从大地生发而出，并将继续成长。

在中国第一部系统分析汉字字形和考究字源《说文》里，这样说到“生”——生，进也。像草木生出土上。

用现代语言表述，这个“生”就代表着一切可以发育的物体。先是在一定条件下具有了最初的体积和重量，然后能发展长大。比如“诞生”、“生育”、“生死相依”。

知道了“生”字的来历，我们再来琢磨生气这件事，就有了基础。刚才那个小测验可以证实，生气可以显著影响我们的生理指标，粗暴地干涉身体各个系统的正常运作。

首当其冲受影响的是大脑。生气是一个突发情况，令思维脱离常规，进入到紧张应激的状态。人们常说，怒火冲昏了头脑，大脑一片空白。指的就是在这种突变中，人类古老的反射弧被紧急启动，攻击性行为很容易被诱发，听凭本能支配行动，造成反应过度。在犯罪心理学的范畴内，有一个词叫“激情犯罪”，说的就是当事人在绝望、暴怒等剧烈情绪状态下，受冲动支配迅速暴发的犯罪行为。细查那些犯罪人的起因，往往就是因为缺乏自制力，将生气急速转为暴怒，继而发生严重罪行，造成极恶劣的后果。

第二个因生气受伤害的，非心脏莫属。心脏任劳任怨不舍昼夜地为全身服务，是个既守规矩又勤勉的劳动模范。它又是敏感多情的，一有风吹草动，它就会未雨绸缪地加快跳动，以备紧急需要时输送更多的氧气到全身。经常生气，心脏总是加班加点，就像常年处于春运高峰的火车头，容易积劳成疾，出现心血管系统的病象。

经常生气的人，内分泌系统也会不堪重负。这个系统是幕后英雄，默默无声地维系着整个机体的正常运转，紧急时刻会“召之即来来之能战”，顷刻分泌出大量激素，以帮助身体战胜危难。不过你要是总生气，它就一次又一次全力以赴地动员所有能调动的力量来辅佐你。不堪重负的系统，就会一步步紊乱直至崩溃。

生气伤肺更是不消说的。生气的人呼吸急促、憋闷喘息，长久生闷气还会气逆、气喘、咳嗽，引发呼吸系统的慢性病。

怒伤肝更是中医的基本理论之一。人经常处于气愤愁闷状态，必然导致肝气不畅、肝胆不和、右肋部疼痛等等病症。

肾也是生气的受害者。常常生气的人，可使肾气不畅，闭尿或尿失禁都可能发生。

伤胃更是司空见惯。人们生气的时候，常常会说，气得我吃不下饭！这就说明胃肠系统在强烈的精神负面刺激下，消极怠工以至罢工了。

生气还会令我们生机枯萎，颜面可憎。因为人对这世界经常横眉立目，久而久之，脸上就挂了凶相。大家会觉得这是一个苛刻严酷的人。生气的时候脸会气得不是发红就是发白，这都是微血管紧张后的不良反应。长此以往，肯定会造成皮肤营养不良，当然让人颜面憔悴，双眼浮肿，皱纹丛生。

生气会引起失眠，更是每个人都深有体会的。晚上睡不好，白天就无精打采神志恍惚。

生气的害处还有很多很多……恕我不一一列举了。看到这里，我猜您一定会说，知道了害处，可我们怎样才能不生气呢？

我认为绝对的不生气，其实做不到。人间百态，世事炎凉，怎么会总如深潭古井，永是波涛不兴呢！所以，偶尔的生气，也并没有什么了不起。力求做一个完全不生气的人，就是因噎废食。除了极个别的人，我们的身体也没有那样娇气，连一次义愤填膺的奋起都经受不住。不过若是长久地沉浸在生气中，终日气息难平，就要找找原因，想想对策，让自己摆脱生气的控制，让自己成功地控制住生气。

驾驭生气最重要的前提，是要认识到生气并不是解决问题的方法，而只是我们的情绪在向自我发起攻击的愚蠢之举。从根本上来讲，这是一种对现实状况无补且有害的对应方式。出了问题，总要解决，生气是最简单无能的举措。它的矛头不是指向如何解决问题，而是一厢情愿地发泄内心怨怼。人在什么时候思考最有成效？当然是心平气和冷静缜密之时。只有在这种时候，我们所有的意识和潜意识都活跃而高效，集思广益群策群力才有好对策浮现出来。如果一味被生气这匹无缰之马牵着鼻子走，办法想不出来，局面无法彻底改变，身体大受其伤，一旦出了昏招，也许会雪上加霜。

所以，你可以生气，但不能让它成为常态。你要做生气马背上的好骑手。生气的时候，拉紧缰绳，小步策马，徐徐缓进。让火气渐渐消弥于无形，让理智重新升帐把控局面。从此，做情绪的主人，而不是它的奴隶。

当我忧郁的时候

当我忧郁的时候，我就去看星空。我觉得我来自那里，那是我的家。我不过是偶然旅行到地球上的一块陨石，故乡在遥远的极高之处，那是我们所有人的出发地和最后归所。

人为什么会忧郁？因为我们孤独。面对宏大的宇宙，我们是如此的渺小和脆弱，每一个瞬间都提示着我们在向这一世的死亡靠拢。与生俱来的孤独感，使我们渴慕肌肤相亲。于是人们挤靠在一起，有了母子之爱，夫妻之爱，种族之爱，家国之爱，以至人类之爱……然而我们依旧孤独。这是种植生长于神经中的蓝色烟雾，无孔不入地袭扰我们，逼迫人们思索和逃避。

当我忧郁的时候，我开始呼叫自己的名字。在旷野中，它反弹出清脆的回声。它有神奇的功效，让我感觉到无论情况多么危难，有一个人永远和我在一起——那就是我自己。

我和我在一起的时候，我就不再孤独。当我不孤独的时候，我就不再忧郁。当我不忧郁的时候，我就有了勇气。当我有了勇气的时候，我就会冲决堤坝坦然向前。

试着在空旷的地方，呼唤自己的名字吧。刚开始的时候，可能有一点不好意思，好像那是一个你不认识的人，你冒昧地打扰了他。你甚至怕自己会激怒了他，怕他充耳不闻置之不理，更严重的，他也许会拂袖而去。但是，请大胆地呼唤他吧。我可以向你保证，只要你满腔热情地和他打招呼，他就绝不会袖手旁观。他会毫无保留地接纳你，热爱你，帮助你。作为一个女人，从此你就学会了优雅地独在。这世界上还有一个你，陪伴你走过孤单的人生。

如果你不曾呼唤过自己，那就从明天早上试一试。你会感到有一种力量从三山五岳扑入心中。

风不能把阳光打败

“但是”这个连词，好似把皮坎肩缀在一起的丝线，多用在一句话的后半截，表示转折。

比方说：你这次的考试成绩不错，但是——强中自有强中手，你可不能骄傲啊。

比方说：这女孩身材不错，但是——皮肤黑了些，所以整体不能说是一个美女。

不知“但是”这个词刚发明的时候，对它前后意思的分量，切割的是否大致公允？也就是说，它只是一个单纯纽带，居中调停，并不偏谁向谁。后来在长期的使用磨损中，分量就悄悄变了。无论在它之前，堆积了多少褒词，“但是”一出，便像撒了盐酸的污垢，优点就冒着泡沫没了踪影，只剩下残酷的结论。于是人们记住的总是贬义，好似爬上高坡，没来得及喘口匀气，“但是”一出手，不由分说就把你推下了谷底。

“但是”成了把人心捆成炸药包的细麻绳，成了马上有冷水泼面的前奏曲。它一露面，就让你把面前的温暖和光明淡忘，只留下遗憾懊恼。在“但是”的打击下，好样的会振起精神，迎击扑面而来的顿挫。孬的人，也许就一蹶不振了。

其实，所有的光明都有暗影，“但是”的本意，不过是强调事物立体。可惜日积月累的负面暗示，“但是”这个预报一出，就抹去了喜色，忽略了成绩，轻慢了进步，贬斥了攀升。

一位心理学家说，希望大家从此废弃“但是”，改用“同时”。

比如我们形容天气的时候，早先说：今天的太阳很好，但是风很大。

今后说：今天的太阳很好，同时风很大。

最初看这两句话的时候，好像没有多大差别。你不要急，轻声地多念几遍，那分量和语气的韵味，就体会出来了。

但是风很大——会把人的注意力聚焦在不利的因素上。觉着太阳好不是件值得高兴的事情，风大才是关键。借助了“但是”的威力，风把阳光打败。

同时风很大——它更中性和客观，前言余音袅袅，后语也言之凿凿。不偏不倚，公道而平整。它使我们的心神安定，目光精准，两侧都观察得到，头脑中自有安顿。

一词背后，潜藏着的是如何看待世界和自身的目光。

花和虫子，一并存在。我们的视线降落在哪里？

“但是”，是一副偏光镜，让我们聚焦在虫子身上，把它的影子放得浓黑硕大。

“同时”，是一个透明的水晶球，均衡地透视整体。既看见了虫子，也看见无数摇曳的鲜花。

尝试着用“同时”代替“但是”吧。时间长了，你会发现自己多了勇气，因为情绪得到保养与呵护。你会发现拥有了宽容和慈悲，因为更细致地发现了他人的优异。你能较为敏捷地从地上爬起，因为被沟坎绊倒的同时，你会昂起头，看到了远方的灯火……

提醒幸福

对于幸福而言，有意注意的结果比无意要好得多。

所以，为了幸福，请提高对于幸福的警惕，当它到来的时刻，激情地享受每一分钟。

常常提醒自己注意幸福，就像在寒冷的日子里经常看看太阳，心就不知不觉暖洋洋亮光光。

提醒幸福

我们从小就习惯了在提醒中过日子。天气刚有一丝风吹草动，妈妈就说，别忘了多穿衣服。才相识了一个朋友，爸爸就说，小心他是个骗子。你取得了一点成功，还没容得乐出声来，所有关切着你的人一起说，别骄傲！你沉浸在欢快中的时候，自己不停地对自己说：“千万不可太高兴，苦难也许马上就要降临……”我们已经习惯了在提醒中过日子。看得见的恐惧和看不见的恐惧始终像乌鸦盘旋在头顶。

在皓月当空的良宵，提醒会走出来对你说：注意风暴。于是我们忽略了皎洁的月光，急急忙忙做好风暴来临前的一切准备。当我们睁大着眼睛枕戈待旦之时，风暴却像迟归的羊群，不知在哪里徘徊。当我们实在忍受不了等待灾难的煎熬时，我们甚至会恶意地祈盼风暴早些到来。

风暴终于姗姗地来了。我们怅然发现，所做的准备多半是没有用的。事先能够抵御的风险毕竟有限，世上无法预计的灾难却是无限的。战胜灾难靠的更多的是临门一脚，先前的惴惴不安帮不上忙。

当风暴的尾巴终于远去，我们守住零乱的家园。气还没有喘匀，新的提醒又智慧地响起来，我们又开始对未来充满恐惧的期待。

女生总是有灾难。其实大多数人早已练就了对灾难的从容，我们只是还没有学会灾难间隙的快活。我们太多注重了警觉苦难，我们太忽视提醒幸福。

提醒注意跌倒……提醒注意路滑……提醒受骗上当……提醒宠辱不惊……先哲们提醒了我们一万零一次，却不提醒我们幸福。

也许他们认为幸福不提醒也跑不了的；也许他们以为好的东西你自会珍惜，犯不上谆谆告诫；也许他们太崇尚血与火，觉得幸福无足挂齿。他们总是站在危崖上，指点我们逃离未来的苦难。但避去苦难之后的时间是什么？

那就是幸福啊！请从此注意幸福！

幸福也需要提醒吗？

享受幸福是需要学习的，当幸福即将来临的时刻需要提醒。人可以自然而然地学会感官的享乐，人却无法天生地掌握幸福的韵律。灵魂的快意同器官的舒适像一对孪生兄弟，时而相傍相依，时而南辕北辙。

幸福是一种心灵的震颤。它像会倾听音乐的耳朵一样，需要不断地训练。

简言之，幸福就是没有痛苦的时刻。它出现的频率并不像我们想象的那样少。

人们常常只是在幸福的金马车已经驶过去很远后，捡起地上的金鬃毛说，原来我见过它。

人们喜爱回味幸福的标本，却忽略幸福披着露水散发清香的时刻。那时候我们往往步履匆匆，瞻前顾后不知在忙着什么。

世上有预报台风的，有预报蝗虫的，有预报瘟疫的，有预报地震的。没有人预报幸福。其实幸福和世界万物一样，有它的征兆。

幸福常常是朦胧的，很有节制地向我们喷洒甘霖。你不要总希冀轰轰烈烈的幸福，它多半只是悄悄地扑面而来。你也不要企图把水龙头拧得更大，使幸福很快地流失。而需静静地以平和之心，体验幸福的真谛。

幸福绝大多数是朴素的。它不会像信号弹似的，在很高的天际闪烁红色的光芒。它披着本色外衣，亲切温暖地包裹起我们。

幸福不喜欢喧嚣浮华，常常在暗淡中降临。贫困中相濡以沫的一块糕饼，患难中心心相印的一个眼神，父亲一次粗糙的抚摸，男友一个温馨的字条……这都是千金难买的幸福啊。像一粒粒缀在旧绸子上的红宝石，在凄凉中愈发熠熠夺目。

幸福有时会同我们开一个玩笑，乔装打扮而来。机遇、友情、成功、团圆……

它们都酷似幸福，但它们并不等同于幸福。幸福会借了它们的衣裙，袅袅婷婷而来，走得近了，揭去帏幔，才发觉它有钢铁般的内核。幸福有时会很短暂，不像苦难似的笼罩天空。如果把人生的苦难和幸福分置天平两端，苦难体积庞大，幸福可能只是一块小小的矿石。但指针一定要向幸福这一侧倾斜，因为它有生命的黄金。

幸福有梯形的切面，它可以扩大也可以缩小，就看你是否珍惜。

我们要提高对于幸福的警惕，当它到来的时刻，激情地享受每一分钟。据科学家研究，有意注意的结果比无意要好得多。

当春天来临的时候，我们要对自己说，这是春天啦！心里就会泛起茸茸的绿意。

幸福的时候，我们要对自己说，请记住这一刻！幸福就会长久地伴随我们。那我们岂不是拥有了更多的幸福！

所以，丰收的季节，先不要去想可能的灾年，我们还有漫长的冬季来得及考虑这件事。

我们要和朋友们跳舞唱歌，渲染喜悦。既然种子已经回报了汗水，我们就有权沉浸在幸福中。不要管以后的风霜雨雪，让我们先把麦子磨成面粉，烘一个香喷喷的面包。

现在的每一分钟，都让它像纯净的酒精，燃烧成幸福的淡蓝色火焰，不留一丝渣滓。让我们一起举杯，说：我们幸福。

所以，当我们守候在年迈的父母膝下时，哪怕他们鬓发苍苍，哪怕他们垂垂老矣，你都要有勇气对自己说：我很幸福。因为天地无常，总有一天你会失去他们，会无限追悔此刻的时光。

幸福并不与财富地位声望婚姻同步，这只是你心灵的感觉。

所以，当我们一无所有的时候，我们也能够说：我很幸福。因为我们还有健康的身体。当我们不再享有健康的时候，那些最勇敢的人依然可以微笑着说：我很幸福。因为我还有一颗跳动的心。甚至当我们连心也不再存在的时候，那些人类最优秀的分子仍旧可以对宇宙大声说：我很幸福。因为我曾经在人世间走过。

常常提醒自己关注幸福，就像在寒冷的日子里经常看看太阳，心就不知不觉暖洋洋亮光光。

幸福盲

若干年前，看过报道，西方某都市的报纸，面向社会征集“谁是世界上最幸福的人”这个题目的答案。来稿很踊跃，各界人士纷纷应答。报社组织了权威的评审团，在纷纭的答案中进行遴选和投票，最后得出了三个答案。因为众口难调意见无法统一，还保留了一个备选答案。按照投票者的多寡和权威们的表决，发布了“谁是世界上最幸福的人”的名单。记得大致顺序是这样的：

一、给病人做完了一例成功手术，目送病人出院的医生。

二、给孩子刚刚洗完澡，怀抱婴儿面带微笑的母亲。

三、在海滩上筑起了一座沙堡的顽童，望着自己的劳动成果。

备选的答案是：写完了小说最后一个字的作家。

消息入眼，我的第一个反应是仿佛被人在眼皮上抹了辣椒油，呛而且痛。继而十分怀疑它的真实性。这可能吗？不是什么人闲来无事，编造出来博人一笑的恶作剧吧？还有几分惶惑和恼怒，在心扉最深处，是震惊和不知所措。

也许有人说，我没看出这则消息有什么不对头的啊！再说，这正是大多数人对幸福的理解，不是别有用心或是哗众取宠啊！是的是的，我都明白，可心中还是惶惶不安。当我静下心来，细细梳理思绪，才明白自己当时的反应，是一种深入骨髓的悲哀。原来我是一个幸福盲。

为什么呢？说来惭愧，答案中的四种情况，在某种程度上，我都一定程度地拥有了。我是一个母亲，给婴儿洗澡的事几乎是早年间每日的必修。我曾是一名医生，手起刀落，给很多病人做过手术，目送着治愈了的病人走出医院的大门的情形，也经历过无数次了。儿时调皮，虽然没在海滩上筑过繁复的沙堡(这大概和那个国家四面环水有关)，但在附近建筑工地的沙堆上挖个洞穴藏个“宝贝”之类的工程，肯定是经手过了。另外，在看到上述消息的时候，我已发表过几篇作品，因此那个在备选答案中占据一席之地的“作家完成最后一字”之感，也有幸体验过了。

我集这几种公众认为幸福的状态于一身，可我不曾感到幸福，这真是莫名其妙而又痛彻的事情。我发觉自己出了问题，不是小问题，是大问题。这个问题如果不解决，我所有的努力和奋斗，犹如沙上建塔。从最乐观的角度来说，即使是对别人有所帮助，但我本人依然是不开心的。我哀伤地承认，我是一个幸福盲。

我要改变这种情况。我要对自己的幸福负责。从那时起，我开始审视自己对于幸福的把握和感知，我训练自己对于幸福的敏感和享受，我像一个自幼被封闭在洞穴中的人，在七彩光线下学着辨析青草和艳花，朗月和白云。体会到了那些被黑暗囚禁的盲人，手术后一旦打开了遮眼的纱布，那份诧异和惊喜，那份东张西望的雀跃和喜极而泣的泪水，是多么自然而然的幸福。

哲人说过，生活中缺少的不是美，而是发现美的目光。让我们模仿一下他的话：生活中也不缺少幸福，只是缺少发现幸福的眼光。幸福盲如同色盲，把绚烂的世界还原成了模糊的黑白照片。拭亮你幸福的瞳孔吧，你会看到被潜藏被遮掩被蒙昧被混淆的幸福，就如美人鱼一般从深海中升起，哺育着我们。

送你幸福瓶

我喜欢丝绸和瓷器。不仅因为它们为中国历史上最值得骄傲的发明之一，也是中国古代脚力最矫健行走最远的商品，更因为它们独特的俊美。任何一种人工的纤维，至今都无法比拟丝绸的高贵和精彩，就算表面上模拟的有几分似了，一贴到皮肤上，那感觉也全然不同，人的触觉和天然的丝绸更熨帖。瓷器呢，简直就是魔法师。来自大地的凡土，经过艺人的手指和火焰的烘烧，成仙得道，变的光洁如水晶莹夺目。总感到磁泥在用这造化的玄妙，表达意味深长的哲理。

2009年国庆，我在江西景德镇做了一个青花瓷的瓶。初起，在那女师傅的摊子上，琳琅满目的样品，让我一时无法确定到底做个什么物件好。看出我的犹疑，女师傅说，你就做个瓶吧。

我这时一眼看上了一个盘子的坯，问：做个盘不好吗？

女师傅说，盘也好。不过要是我，还是会选瓶。

为什么呢？我当然要问。

瓶，代表平顺安宁啊。你没见中国古代的案几上，人们都摆瓶的。天天看到瓶，念叨着瓶，就是时时在许一个愿，家人就会平安的。女师傅慈眉善目地说。

面对古人这种饱含心理学暗示疗法的理由，你还能抗拒么？于是，就动手来做瓶。

想手下这温润的泥，在混浊杂乱的深壤中，闭目养神了千万年，突然间就见了太阳。原本面目模糊无筋无骨的粉尘，被水和手指的劲道，赋予了柔软的形体，接着变成了瓶或盘盏的坯。它鲜白，柔和，素净，温软，一如晨曦初现时的清爽。女师傅端来一碟黑色的液汁，把毛笔递给我，道，在瓶上，写好你想说的话，画上你喜欢的图。我说，手笨，恐怕写不好画不好的。女师傅说，自己写的画的，好看不好看并不要紧，意思格外不同。见我执了笔，她又叮嘱道：这碟子里就是古法青花的染料，你看它是黑色的，烧过之后，就变成靛蓝色了。记得要事先想周全啊，下笔之后，就没法再改了。

我屏住气，画上了几笔，写上了几个字。这些字和画，驮着我的心意，沁入了青瓷泥坯的肌肤。署上时间和名字之后，我问女师傅，然后呢？

女师傅说，然后你就把它交给我。它会被送到古窑，要整整烧它3天共72小时。

我问，然后就好了吗？

女师傅轻叹了一口气说，那可也不一定。要看这瓶的运气呢。要是炸了裂了，都没有法子。总会有这样的事儿，我们退你钱。但愿你这瓶平安。

之后，我回了北京，静静地等待中充满了惦念。常常想到这个瓶正在熊熊的炉火中修行，烈焰包绕，熠熠生辉。如同我们的意志，经过了磨炼和时间，才能与万物黏成一体。青瓷之中，凝固了大地的疆土，吞咽了江河的净水，吸附了一些古老手艺的染料，那里面有稀有元素的不传配方。还有动物皮毛扎束起的笔锋灵韵，它是狐狸的尾加上山雉的翎吧？我描画图案书写姓名的时候，从笔尖看到了一点跳动的金红色，一抹鹦鹉般的绿。瓶身上有我和家人的名字，代表着我们的身心。奔突的炉火如炙红的绸，要围绕着这瓶旋舞3天。它会灼痛瓶子的口吗？祈愿这个瓶没有砰然的炸裂，没有琐细的网纹，它从容轻巧安然涉险，不动声色地蹈过火海，终于又重回云淡风清的人间。想起明朝时的海船，载了万千的青花瓷器，遭遇风暴沉入海底，几百年波涛翻滚环伺四周。一朝出水后，那瓷器们依然娇蓝地雪亮着，一如北欧少女飞扬的眸。纵是出了意外成了废品，击打后，爆成数不清的碎片，也可以镶在墙上地上，成一幅残缺的妆点。

终于，那瓶被安全地送达了我家。打开包装的一瞬，我再一次屏住了呼吸。

我终于又看到了它，恰如灾难后亲朋重逢。经过千度以上的高温浴洗，它亭亭玉立，一如既往地周正、安宁、温润、亲切可人，让人想起满月时分风平浪静的海，毫无瑕疵地闪着银钻般的微光。这瓶最显著的变化是不再柔软，弹之铮铮作响，犹若侠骨激荡。

我看到了那瓶身上的图案，一丛兰花娴雅地开放着，仿佛有沁人心脾的幽香逸散而出。我母亲名中有一个“兰”字，谨以此瓶寄托我无尽的思念。

我看到了那瓶身上手书的两个字——“幸福”，清晰坚定，蓝得振聋发聩，宛若蚀刻到了瓶的骨。当时女师傅让我写上自己心仪的字时，不知怎么回事，这两个字就蹦了出来，好象它们早已准备好了，听到了发号枪响，立刻抢跑。

中国有句古话，叫作“画饼充饥”，略带调侃。我画了一个瓶，也算是为自己“化瓶祈福”。这瓶里，不仅装着我对自己的良好祝愿，也祝福普天下的人们——幸福平安！

家庭幸福预报

今日世上多预报。比如天气预报，地震预报，商情预报，服装流行趋势预报，甚至连几十上百年后的日月蚀，都有了分秒不差的天象预报。不知为什么一桩婚姻诞生时，却没人对它的走向，发布家庭幸福趋势预报？

料想此事太难。

人无慧眼，可穿透岁月层叠的雾岚，窥见新人的沧海桑田。天会变，道亦会变。地位，相貌，健康，性格……都像见棱见角的粗糙山料，在时间的冷渠里磕磕绊绊跌跌撞撞，几十年冲刷磨砺下来，筚路蓝缕，旧貌新颜。有的化作晶莹玛瑙，有的碎成粉碴石屑。婚姻不是金刚水钻，没有那么坚不可摧的硬度，柔软多孔的人心是善变的精灵。

更无一把衡尺，可丈量幸福的杯子是否饱满。你以为汹涌澎湃，他却道涓涓细滴。你陷入悲痛欲绝，他沉浸风花雪月。思维无并连，神经永绝缘，是动物的造化之幸，也是人的悲哀之源。幸福也许是高速车上捆扎的安全带，因人置宜，松窄可调，不到车毁人危的关头，看不出它所绑定的价值。

幸福无框架，幸福无定义，幸福不会立此存照，幸福无法预支和储蓄。幸福可以压缩，幸福可以扩展。幸福无保修，幸福无退换……谁愿面对一件标准模糊的朦胧产品，说短论长？

家庭的幸福，难道真是百面妖魔，没有丝毫蛛丝马迹可寻？幸福的趋势，竟如盲人摸象，永无程序可考？设想婚礼的筵席上，若有预告幸福指点迷津的权威术士，该是最受敬畏的上宾。

不知未卜先知的哲人，有何手段击穿未来，烛照今夕？依我之心，窃以为该先测测双方的智商。假如智慧相等或差池在正负百分之十的范围内，幸福便有了十分中二点五分的保障。想想看，若在几十年的耳鬓厮磨中，每一句话都呢喃两遍以上，彼此才能缓缓沟通，是否慢性受刑？爱是生死与共的事，其难度不次于哥德巴赫猜想。分秒必争斗转星移的今日，大脑是每个人首要的固定资产，评估它的功能状态，是严肃认真必备必需的手续。男女相悦不仅是荷尔蒙激素的迸发，更是理智沟回清醒的把握。

教育的差异可在漫长的日子里填平补齐，更何况家中回荡的多是人生冷暖，并非先贤凝固的文字。假如智慧不对等，鸿沟非人力可充垫。循环往复的对牛弹琴，最易生出惨淡的麻痹和难以疗救的倦怠。世上有许多背景悬殊的夫妻，在外人以为必是寡淡无味的相守中，其乐融融。不仅是情操的契合，实有神智棋逢对手的持久快意。

单有智商是不够的，还需品质的优良与性格的互补。分数上，前者占三后者占二吧。

婚姻是一场马拉松，从鬓脚青青搏到白发苍苍。路边有风景，更有荆棘，你可以张望，但不能回头。风和日丽要跑，狂风暴雨也要冲，只有清醒如水的意志持之以恒的耐力，才能撞到终点的红绳。

婚姻在某种程度上，是阴阳的大拼盘。我总怀疑性格的近似，是滋生不幸的助剂。粉了还要紫，绿了还要青，雪上加霜是搭配学上犯忌的事。不过相反相成刚柔相济，在图纸上说说令人神往，实施起来难度很大。这其中度的掌握重要而微妙。逆反得太凶，则成了冤家对头，虽说易有强的磁场引力，但长久相克，磨损太甚，只怕两败俱伤。然而适当的尺寸，又像丝丝入扣的魔鞋，缥缈大地，谁知遗走何方？有的人寻找一生，找到了，是大幸运。找不到，无望无奈，也可保有死水微澜的宁静。最怕的是委委屈屈的将就，合久必分，却又当断不断。好像快餐店的塑料低背椅，可呆片刻，难以枯守一生。道貌岸然地坚持，必是颈项腰腿痛。半辈子熬过去，脊柱就弯矮了。

善良在幸福这锅汤里，就像优质调味料，断断少不得。我看至少把一点五分给它。现今有人觉得善良简直就是无用的别号，我却以为无论在生意场社交场上，善良多么忍辱蒙羞落荒而走，在友谊与家居的私密疆域，是它世袭罔替的领地。丧失善良的友谊，是溶了蒙汗药的酒池肉林。缺乏善良的婚姻，是危机四伏无法兑现的期票。婚姻易碎，婚姻易老，善良如绵绵长长包裹婚姻瓷器的完整丝缕，似青青翠翠保养婚姻花叶常绿的圣水。

剩下的一分，不知判给谁好。机遇、门第、如影随形的契机、冥冥之中的缘分……都在争抢终局的发言权。它们都很重要，假如有道判定婚姻幸福的公式，都该罗列其内，在结尾处结结实实占一席之地。但我思索再三，决定将这场婚姻预言的最后因子，留给通常在爱情中故意被漠视的金钱。

很世俗，但很实际。贫贱夫妻百事哀。当一生的基本生活需要都没有保障的时候，我不知家庭幸福的青鸟，可以栖息在哪枝无果的树上做巢。婚姻里沉淀着那么多的柴米油盐酱醋茶，每一件都与金钱息息相关。我们有许多清高的场合可以不谈钱，但家是一个必须坦荡地经常地反复地赤裸裸地议论金钱的地方。对金钱的共同掌握和使用方向的通力合作，是家庭木桶防止渗漏的坚实铁箍。

钱绝不可以太少。男人女人，一定要用自己的双手，用血汗化作干净的金钱，注满爱车正常行驶的油箱。钱多比钱少好，但不要超过双方卓越的智力与优良的品质可以驾驭的范畴。单纯的金钱，就像单纯的水一样，不加消毒照料，就会慢慢蒸发腐坏。只有金钱与善良结合，才是世上很多美好事物的摇篮。

如果我们看到一对男女结成连理的时候，智商均衡，天性互补，多温柔宽厚之心，也不乏冷静果决之勇，坚韧友爱，钱不多也不少，顾了温饱，尚有节余，可以奠定共同事业的起点……那么，无论他们的身材多么矮弱，相貌多么平凡，出身多么低微，文化多么有待提高，情感多么不善表达，誓言如何稀少轻淡……甚至在外人眼里他们是贫寒寂静，简单甚至简陋的伴侣，我都有足够的理由期待，他们会在艰窘中生长出至亲至爱的快乐与幸福。

我希望祝福成真。

假如一对新人智差殊异，性格无补，少温良仁爱的善美，多冷厉森严的辣手，钱不是太多就是太少……无论他们身高如何匹配，相貌如何俊美，家世如何渊源，文凭如何耀眼，情感如何缠绵，山盟如何海誓……有多少外在的光环闪烁；也无论青梅竹马，患难之交，萍水相逢，千里姻缘，弄巧成拙，指腹为婚……有多少内里的故事流传，我却总带着凄凉的心境，仿佛看到幸福终结的海市蜃楼，在不远处波光粼粼。哀痛使我无法扮出由衷的微笑。

这一回，但愿我看走眼了吧。

恰到好处的幸福

我学医的经历，开端略显惊悚。根本就不懂任何医学知识的新兵，到了西藏边防部队，卫生科长对我们说，给你们每人分一个老卫生员为师，让他先教你们打针，然后穿上白大褂就能上班了。

我觉得这不像学医，像学木匠。我师傅是个胖胖的老卫生员。说老有点抬举他，只有20岁出头吧，但对十六七岁的我们来说，已足够沧桑。他找来一个塑料的人体小模型，用粗壮的食指在那人的屁股上画了个虚拟的“十”字，然后说：打针的时候，针头扎在臀部这个十字的外上四分之一处，不然容易伤了神经。伤了，下肢就瘫痪。

很可怕。我点点头，说记住了，屁股的外上四分之一。

老卫生员说，从此你不能说屁股，要说臀部。

我鹦鹉般的：臀部臀部。

老卫生员又说，记住消毒的步骤，先是2%的碘酒，后是75%的酒精。要涂同心圆，不能像刷油漆似的乱抹。

我说，记得啦！

老卫生员又说，考考你。酒精棉球要用多少度的？

我说，75%。

他说，那么，80%的行不行呢？

我暗自揣摩，75%一定是能达到消毒目的的最低标准。藏北山高路远，所用物资千里迢迢地运来，使用一定力求节省。所以，问题的答案不言而喻。

我说，80%行。

老兵的面容很平静，继续问，那么，90%的酒精怎么样？

我说，那当然也行。

老兵说，100%呢？

我说，肯定更好啦！只是那样太浪费了。

老兵被高原紫外线照得发紫的脸庞，变成黑色，说，你错啦。75%的酒精刚刚可以破坏细菌的膜，渗入到内里去，整个细菌就被杀死了。浓度更高的酒精，飞快地把细菌外膜凝固了，就像砌起了一道墙，反倒阻止了酒精进一步浸透到细菌内部，就杀不死细菌了。有些东西，并不是越浓越好，要恰到好处。

那一天，我记住了臀部和恰到好处。

有一年我到国外机构参观。辉煌的大厅中，竖立着金字的企业精神。其中有一条，叫作“合理期望”。

我说，这一条很特别啊。什么意思呢？一般都会更励志一些，比如“崇高期望”云云。

那机构的陪同人员回答，这是我们的创始人尊崇的原则。期望并不是越高越好，而是要恰到好处。期望太高了，达不到，就会心生怨恨和沮丧，长久以往，就会丧失信心。期望太低了，没有动力和目标，得过且过，也会让人萎靡不振。所以，合理的期望，就是能正确评估自己和环境，在愿望和实际情况之间，找到最佳的平衡点。

在那一瞬，我向后张望想到了酒精，向前眺望想到了幸福。

酒精的浓度不能太高，过了那个最佳值，结果就适得其反。幸福也是一样，切不要贪得无厌。

有些人，把目光瞄向自己目力所及的最上等处。看到了风景别致设备一流的房子，就想以后我也要住在这里。看到豪华新颖的轿车，就想我什么时候也要买同样的甚至更高级的款式纵横驰骋。看到人家做到的职务，就想我以后一定要升得比你高。看到别人的娇妻美眷，就想我以后非要娶个倾国倾城的佳丽让你们看得眼冒金星。看到人家发美食图片，暗自想有一天我会吃龙肝凤髓。知道寿星活了90岁，就想自己一定要超过100岁……

凡此等等，皆为不合理期望。

且不说这些物质的和外在的指标是不是幸福的必需品，单说把期望定得如此之高，就有违恰到好处这一原则。

房子完全不需要那么大，够用即可。太大了，就算你有那个银两买下来，也是暴殄天物。地球资源有限，你为什么要享用那么多的地盘，剥夺了他人生存的空间。

食品完全不必那么精益求精，它的主要功能是为我们的机体提供营养。只要洁净能供给身体的需求即可。太稀有的食材，太复杂的烹制方法，太考究的进食环境，皆是不可取的。它们其上所附着的是炫耀自己跻身高级阶层的沾沾自喜，而这些，恰好是和幸福的宗旨不相容。

配偶不必求国色天香万里挑一，只要彼此价值观相同，见天有得聊说得来话，相互喜欢，就是神仙伴侣。

对待身体也不必求全责备。希望所有的指标都在标准值之内，好像体检表上有了向上或是向下的小箭头，就无法谈论幸福。幸福是思想的花朵，和身体是否无懈可击，并不正相关。

再说职务这件事儿，和你自己的能耐有一定的关联，但也和局面与关系有关，并不是单纯凭着能力就一定能达到目的。此事也没有绝对的公平。刨去坏人，世界上的能人很多，自己做不到那个位置，让别人来做，未必就一定不成。僧多粥少的事物，不一定非要收入囊中。

车子主要是代步工具，不可把它看成是硕大的勋章或是族徽，彰显自己的财力丰厚不可一世。那不是幸福的氛围，而是自卑的秽气沿街抛洒。

至于活多久，这可是含有天机的事情。你不可胜天，不可僭越。况且生死并不是胜败与否的决斗，生命只是无尽长链中的一环。想通了，就可从容对待。它不是河流，并不决定于长度，而是大海，在于深度和广度。

恰到好处，是哲学和诗意嫁接的智慧果。穿过这个豁达和淡然的门廊，就能敲响幸福的柴扉。愿我们一生中虽有年轻时的艰难险阻，中年时的曲折困顿，尝过无数酸辛，流汗流泪甚至流血……然而终究能抵达自得其乐恰到好处的幸福之境。

美好标本

虎年春节，我在不丹度过。

说到不丹，有年轻朋友马上认了我为知己，说真没想到您这么老了，还是梁朝伟和刘嘉玲的粉丝。我说，我去不丹，和他们有什么关系呢？朋友说，谁不知道他俩2008年在不丹大婚，从此那个雪山小国才被人铭记。我说，不是因为某人的婚姻，我才向往这个国家，我是为了验证幸福而去。

中年以上的朋友一听到“不丹”，马上回应道：“哦，锡金不丹……”好像它们是个成语。几十年的中小学地理课本中，这两个邻国的名字缝缀在一起。其实，锡金已不再是一个独立的国家，1975年，它被印度吞并。中国政府于2005年正式承认了锡金为印度一个自治邦的既成事实。

不丹，梵语意为“西藏的边陲”。它还有很多诗情画意的别名，比如：神龙之国、森林之国、花卉之国，云中之国……从这些如同摄影作品名字般的称呼中，你是不是对这个国家有了最初的好印象？蓝绵羊、野罂粟和雪豹，在这与世隔绝的山峦谷地中盎然生长。

抵达不丹要从尼泊尔飞过去。一大早，我们先到了加德满都机场。我所在的旅行团，开始蔓延一种可怕的呕吐和腹泻。同行的孩子一张嘴，有柱状的血红液体喷射而出，我几乎以为是消化道大出血，赶紧出手相助。一番询问下，才知道这孩子早上喝了西瓜汁，胃中翻搅，悉数尽出。西瓜汁当然不会直接引发呕吐，那么在这之前他出了什么事儿？这厢还没问的清楚，那边有个大人也开始不断地跑厕所。进入飞机舱，刚刚安顿好，在飞机起飞的刹那，某人还晃晃悠悠地冲向洗手间，可见形势多么紧迫。好不容易降落不丹国唯一的帕罗机场，全团最重要的事情，是去医院急诊。

我几乎怀疑有人下了蛊毒。不然，怎么会超过80%的团员，都有凶猛的消化道症状呢？猛然想起旅游书上再三告诫的尼泊尔极具杀伤力的地方病。旅行者一旦染上，腹痛如绞便溏若水，重者或可夺命。

不丹的医院很小，小到只有一个卫生间，卫生间只有一个蹲位，还是男女混用的。好在很洁净，一尘不染。医生穿很短的白大衣，都是在英国或印度获得医学学位后回国的，态度和蔼检查细致。不一会儿工夫，凄惶萎弱的团友都被诊为“加德满都肠炎”，拿到了各式的药方，获得了及时的诊治。

要多少钱呢？想到了国内冗长的缴费取药程序，不知道在这个喜马拉雅山南麓的小国，此套步骤如何走？

在不丹，看病是不要钱的。导游对我们说。

可是，那是你们本国人的福利啊。外国人，理应缴费的。我们说。抵达不丹虽然只有极短时间，从路边的建筑和大体的景物，已能判断出，不丹并不富裕。

我们对所有在不丹土地上生活的人，一视同仁。哪怕只停留一天，也都免费医病。不丹导游说。

于是，我们来自泱泱大国的病人，免费吃上了不丹这个弹丸小国的药片，病况渐缓。

随后的几天中，看到的都是不丹国人温良的笑脸和发自内心的满足安详，源自生命权的平等的免费医疗，无疑起了重要的作用，笑脸因幸福而洋溢。除了生命权的平等外，第二位重要的就是性别的平等。

男女平等，是万物生灵的平等。把与生俱来的生命，分成泾渭分明的两部分，雌和雄公和母男和女，是进化史上的进步。雌雄同体本是低等生物的标志之一，只有分门别类，才能有更多样的选择和更丰富的组合，有利于进化，这是不言而喻的。在动物界，并没有这种因进步而引发的歧视，从老虎到蟋蟀，都没有。奇怪的是星球上最高等的动物——人类，却发展出了对自身一半个体的歧视。这是古怪而可笑的悖论。

把人分成了三六九等，较高的阶层压迫较低的阶层，是落后生产力的产物。男女不平等的第一道沟壑，来自体力的不均等。女性为了孕育后代，需要长个子宫，为了容纳子宫，还需装备宽大的盆腔。这套繁琐设施，搞得女子尾大不掉，肌肉相对缺乏，脂肪较多，故而在进攻性和爆发性方面，拜了下风。远古恶劣的生存条件下，女子成不了好猎手，奔跑时落后于男子，更容易被猛兽吃掉。女子为了自身生存，只有更多地依靠于男子的庇护，成了生命榜上的第二性。可怕的是这排行榜也如面肥，在落后的生产工具和生产关系这堆面粉中，发酵成了经济上的第二性、政治上的第二性、人格上的第二性。第二性成了无所不包的“红字”。

也许有些拥有第一性的人，会窃窃而笑，不费吹灰之力，就先天性地拥有了某种优势，某种特权，这不是福气吗？且慢！世界上没有真正孤独的岛屿，所有的人都在庞大的海底彼此相连。没有女性，男性再大的基因优势也无法独自完成繁衍，等待他的必是种族的灭绝。既使从最基本的生命伦理角度来说，歧视女性也是违背天条的反动。

然而说一千道一万，体力不如人，毕竟是不硬气的事情。君不见在所有奥林匹克运动会比赛项目中，无论是跑还是跳几乎所有的竞技项目成绩，女子总是比男子要低。就连篮球足球，也是男子的比赛更好看些。万事不如人时，你不能总是拿着生殖这件事做筹码。如果真是那样的话，也是女性深切的悲哀。拜托高科技，由于技术的进步，如今在操作机械控制电脑方面，男女并没有显

著的差别。说极端点，操纵一颗原子弹，男子按下按钮和女子按下按钮引爆的蘑菇云，应该并无多大的区别。

有了科技的进步，并不能天然地带来男女平等。千百万年以来的封建浸淫，使很多人接受了不平等的常态，以为这是天经地义的逻辑。为达到真正的平等而奋斗，不仅仅是女人的事情，也是男人的事情。你是不是女人，这并不是最关键的事情。并不能因为你没有被压迫和被歧视，就容忍一个压迫和歧视的观念畅通无阻。当然了，人往往是站在自己的角度看问题，能设身处地为他人着想，是思维的进步和高贵。

最可怜的是那种本身被歧视的女人，她不愤慨，不反抗，反倒像一部留声机加上复印机，把落后昏暗的观念，复制出新鲜的声响和图画，再传递给他人。还有什么比被欺压的弱者，反过来欺压比他更孱弱的后代，并在这种欺压中得到卫道士的快感，更令人痛心疾首的呢！

年年庆祝“三八国际妇女节”，很多男人不满了，说我们为什么没有一个节日呢？不要羡慕节日，节日都是弱者的欢庆。比如高血压日、艾滋病日等等，可以重视，无需羡慕。强者，每天都是节日。

人以幸福为奋斗目标，一个人的幸福不是幸福，只有所有人的幸福，才是普天同庆的节日。幸福一定要以生命和性别的平等为基石。不平等的幸福是一座斜塔，而且断没有比萨斜塔幸运。垒得再高，也会仄斜着坍塌，成为一地废墟。

不丹的旺楚克四世国王，于1979年首先提出了“国民幸福的总值比国民生产总值更重要”。这个国民幸福总值被简称为GNH，也称幸福指数。

要想幸福，一个国家必须保护好自己原有的生态，要有清洁的水源，繁茂苍翠的森林，和谐共生的万物，没有污染的食物和空气……在今日不丹，这些都唾手可得。我站在不丹首都廷布郊外的清澈河流边发呆，艳羡不止。我不知道在中国还有多少这样水清见底的河流？也许在深山老林中还有一些潺潺小溪吧？但在大城市周围，我断定再也没有了如此清凉甘甜的天然水源。

不丹自有自己独特的做法。比如很多第三世界国家赖以生存的旅游业，不丹就独辟蹊径，开展高价值的高端旅游业，而不是大众旅游服务项目。

不丹是我们的邻国，直线距离不过几百公里，它是现在我们所有邻国中旅游费用最贵的国家。从中国去一趟欧洲8国12天行程的价钱，还不够去不丹7天的旅游费用。

为什么这样昂贵呢？因为不丹为了保护自己的资源，并不希望低端的旅行大行其道，不欢迎背包客。那样会加速污染不丹的山川，破坏不丹的民风。他们制定了一个高端旅行策略：每个到不丹的旅行者，每天用在住宿和路费上的花销，最少要在200美元以上。这笔钱是要提前支付的，并汇入不丹国家银行，你才能拿到签证。

不管外人对不丹这种策略怎样评价，不丹我行我素，保持着山河的秀美和民风的淳朴。在发给我们的旅行册页上明确写着：旅途中请不要给不丹的孩子们以糖果，那样会毒害他们的心灵……看到这一条的时候，我突然觉出自己以往的龌龊。当我们到达某个第三世界国家的时候，常常会给孩子们糖果，我们以为这样是对他们的友好。殊不知，这会养成不劳而获。

有些人常常以为幸福是一种主观感受，是无法量化的。是啊，一个乞丐，可能得到了一个面包，就觉得幸福。一个亿万富翁，就是得了100万块钱，也不一定觉得幸福。不丹人面对这个难题，并不气馁，他们把幸福量化，提出了一个有着290多条指标的幸福测定表格。他们认为：只有是可以衡量的，才是能够实现的。

不丹政府在2005年，成立了“不丹幸福研究中心”。它所制定的幸福表格，把幸福分成了九大方面。

第1：精神上的幸福

第2：健康

第3：教育

第4：时间的使用和平衡

第5：文化的多样性和弹性

第6：好的治理

第7：社区的重要性

第8：生态的多样性和弹性

第9：生活标准

民意调查本身设计了290个问题，力图穷尽每一个组成幸福的细微部分，寻求尽可能接近真相的答案。

当我在打印机上打出这290个问题的时候，整整用了34页纸。用的是那种古老的带小孔的连续打印纸。这条长长的纸带，好像一匹藏着幸福精灵的土布。

其中有一个问题，让我深深感动。那个问题是——你可知道你曾祖父曾祖母的姓名？

万分惭愧，我不知道。我知道我祖父祖母的姓名，但对曾祖父曾祖母的姓名，全然不知。我极为抱歉并且永远遗憾，知道再无弥补。曾祖父母是普通的农人，没有名垂史册的功绩。我的父母和他们那一辈的亲属，皆已过世。如果将来找不到家谱，面向茫茫虚空，我再也无法得知有关他们姓氏线索了。

久久思忖——在幸福指数里，为什么列上了这样一条呢？

我想是为了不忘本，珍惜传统文化，尊崇我们的祖先。知道我们从哪里来，思考我们将到哪里去。一个民族之所以能够有尊严地日渐强大，一定要有自己的根。这个根，不是一句空话，它是由我们无数的祖先所缔造和繁盛起来的，我们的曾祖父母也在其中流淌过汗水甚至鲜血。我看过国内一些机构自主开发出的有关幸福感的测定体系，基本上没有这方面的问卷调查。我想把这个问题在这里提出，它是把对传统的爱惜和传承，具体到了一个个细节上，让我们警醒。也在此希望所有不知道曾祖父母姓名的子孙们，赶快去挽救，问清这件事并铭记在心。不要像我这样悔之莫及。知道和不知道，是不一样的。

不丹把最多的政府预算投入教育，从幼儿园到十年级是义务教育，就学免费。偏远地区，连文具都由政府提供。

在游览时，我们没有看到一座矗立的水电站，没有拦河的大坝，没有高耸的厂房和围建起的人造湖泊。不丹水电丰富，向印度出口电力，是它的主要收入之一。那么，电站都藏在哪里了？后来才知道不丹的水电站都是修在地下的，这样才不会对地面生态造成破坏。修地下水电站当然要比修地上水电站费时费钱，如果急功近利追求经济增长，肯定就选择了在地上修水电站。在很明确以追求国民幸福总值为战略的指导下，以保护环境为重心，为了可持续性发展，不丹选择了地下水电站。当然，这样的选择结果，前期的增长肯定会慢一些，但是后期的、长远的“幸福”则能让全社会受惠。美国的人均GDP是不丹的30多倍，但美国却不能给公民提供免费的医疗福利，连半免费的全民医疗福利也没有。中国的人均GDP也有了很大增长，但中国人也没有享受到全民免费医疗福利。这个世界上的很多人，大概都比不丹人有更多的消费品，但是他们却未必比不丹人拥有更多的幸福。

当30多年前不丹提出国民幸福总值发展概念的时候，完全没有引起西方经济学界的重视。2008年11月，当世界在金融海啸的深渊中迷茫挣扎的时候，几十位西方国家的经济学家和政府官员到喜马拉雅崇山峻岭中的小国不丹去寻求“另类”答案。他们意识到，主宰20世纪的以GDP增长为核心的发展模式，孕育了很多潜在的问题，世界需要寻找新的发展思路。

世界银行在研究贫困问题的时候，增加了一个新的贫困概念：时间贫困。以前讨论贫困的时候只注重“经济贫困”，以收入多少、消费多少来衡量。后来看到“经济贫困”和“时间贫困”常常连在一起，许多穷人收入低，为了温饱要加长工作时间，他们的痛苦不仅仅是缺少物质消费，也是缺少休闲时间。在美国，保障较短的工作时间曾经是争取员工福利的一项重要内容。19世纪末、20世纪初的时候，工人往往要每天工作10小时以上，每周工作60至70小时，钢铁工人甚至要每周工作84小时。2010年是国际劳动妇女节100周年。100年前，芝加哥的美国纺织女工上街游行，提出的三大口号当中，就有一条是“8小时工作制和休息的权利”。2010年庆祝“三八”的时候，有很多白领女性对我讲，她们不断地加班，每天披星戴月，似乎又回到了100年前。

在温饱问题没有解决的经济发展低级阶段，国民生产总值的增长，可能比较快速地增加民众的幸福感。咱们中国有句古话，叫做“贫贱夫妻百事哀”，于是人们就以为财富的增加，是让幸福也翻番的不二药方。可是当温饱问题基本解决之后，什么东西才能增加幸福就变得很复杂，需要各国各家各人有所创造了。

从追求“国民生产总值”向“幸福指数”的目标转移，对于人类的发展，很可能是划时代的。就像当年从中世纪的地心说转移到哥白尼的日心说，这将是一次伟大的进步。不丹的山水尽管美丽，但可以在世界上的其他地方寻找到，但不丹人民身体力行的幸福指数，却是在别的地方没有成功演示的。在这一点上，不丹是一个美好的标本。

做自己身体的朋友

身体是美妙的，也是活跃的。它可以金碧辉煌，也可以破败不堪。全看我们如何保养它，让它成为坚固的堡垒，内外美丽。

做自己身体的朋友

每个人都居住在自己的身体里面，从一出生到最后的呼吸时刻。这在谁都是没有疑义的，但我们对自己的身体知道多少?

尤其是女性，我们的身体不但是最贴切最亲密的房子，对大多数女性来说，还是诞育人类后代最温暖的密室。我们怎能不爱惜这一精妙绝伦的构造?

我认识一位女性朋友，患了严重的妇科疾患，到医院诊治。检查过后，医生很严肃地对她说，要进行一系列的治疗，这期间要停止夫妻生活。她听完之后，一言不发扭头就走。事后我惊讶地问她这是为什么?为何不珍重自己的生命?她说，丈夫出差去了，马上要回家。如果此刻开始接受治疗，丈夫回来享受不到夫妻生活，就会生气。所以，她只有不在乎自己的身体了。

那一刻，我大悲。

女性啊，你的身体究竟属于谁?

早年当医生时，我见过许多含辛茹苦的女人，直到病入膏肓，才第一次踏进医院的大门。看她满面菜色，疑有营养不良，问起家中的伙食，她却很得意地告诉你，一个月，买了多少鸡，多少蛋……听起来，餐桌上盘碗的内容物还不算太拮据。那时我初出医道，常常就轻易地把这话放过了。后来在老医生的教诲下，渐渐长了心眼，逢到这种时候，总要更细致地追问下去：这许多菜肴，吃到你嘴里的，究竟有多少呢？比如，一只鸡，你吃了哪块儿？鸡腿还是鸡翅？

答案往往令人心酸。持家的女人，多是把好饭好菜让给家人，自己打扫边角碎料。吃的是鸡肋，喝的是残汤。

还有更多的现代女性，在传媒广告绝色佳人的狂轰滥炸下，不满意自己身体的外形。嫌自己的腿不长，忽略了它最基本的功能是持重和行走。嫌自己的眼不大，淡忘了它最重要的功劳是注视和辨别。嫌自己的皮肤不细白，漠视它最突出的贡献是抵御风霜，是身体防护的第一道防线。嫌自己的手指不纤长，藐视了它最卓越的表现是力量与技巧……于是她们自卑自惭之后，在商家的引导下，使用种种方式迫害自己的身体，以至美容毁了容，减肥丧了命的惨事，时有所闻。甚至有女官员为了自己的外貌，用公款整形美容，把公器变成了任意涂抹的晚霜。

关于我们的身体——这所我们居住的无与伦比的宫殿，你可通晓它的图纸？有多少女人，是自己的“身体盲”？

作为一个女人，无论你多忙，也要抽空读一读有关我们身体的书籍。或许正因为你非同寻常地忙，就更得一读。因为你的身体，是你安身立命的资本。如果你连自己的身体都不懂不爱，你何谈洞察世事，爱他人爱世界？

爱不是一句空话。爱的基础是了解。你先得认识你的身体，听懂它特别对你发出的信号。明白它的坚忍和它的极限。你的身体是跟随你终身的好朋友，在它那里，居住着你自己的灵魂。如果它粉碎了，你所有的理想都成了飘萍。身体是会报复每一个不爱惜不尊重它的人的。如果你浑浑噩噩地摧残它，它就会冷峻地给你一点颜色看。一旦它衰微了，你将丧失聪慧的智力和充沛的体力，难以自强自立于世。

我希望有更多的姐妹们，当然也希望先生们，来读一读关于我们身体的书。它是我们每人都享有的这座宫殿的导游图。

每个人的身体都像宫殿

身体就像宫殿，亭台楼阁斗拱飞檐，很精细，很协调，充满了秘密。有多少人对这灵魂的居所有深入细致的了解？让它成为幸福的源泉，而不是痛苦的巢穴？

你要勤用你的大脑，它那里面蕴藏着无穷的能量，等待你的开发和挖掘。你要展开你的笑颜，因为只有人才具有世界上最复杂的表情肌，而微笑会带来精神的愉悦和友好的人际关系。注意哦，我说的是发自内心的笑容，而不是职业性的露出多少颗牙齿。那种嘴角牵拉的批发笑容，只是一种工具。你要善待你的脖子，它是承上启下的关键部位，其上是我们重要的神经中枢——脑袋，其下是我们身体的呼吸循环重地——胸膛。连野兽都知道这部位的重要和软弱，它们置敌于死命的第一招，就是先噬咬猎物的脖颈。然后是我们的躯干。所有性命攸关的脏器，都包裹其内，它们像一座华丽的城池，每一栋建筑物都有着不可替代的功能。然后是我们的四肢百骸，它们辛苦地肩负着我们一生的重量，默默无闻地行走跳跃负重和完成精细的操作。至于我们的听觉嗅觉味觉视觉触觉等等，其重要性更是不言而喻的。想想看，这其中任何一种感知觉的丧失，对我们的整体存在来说，都是莫大的伤害……还有常常被我们忽视的腰部，远比想象中更重要和复杂。一个人若是损伤了腰，从此就永不能放心大胆地奔跑和持之以恒地端坐，而且它还会株连到腿脚，让人不再灵巧敏捷。如果它罢工了，那么，等待你的就是悲惨的截瘫。至于我们的生殖系统，是繁衍的专用场所。它们带给我们一系列的变化之大，令人瞠目结舌。对于女子来说，那一套系统的复杂和精确，超过了我们的想象。

现在，中老年养生运动风起云涌。我总想，为什么非要到中老年时光，才想起善待我们的身体呢？这种时候，很多劳损已然积劳成疾，很多小病已经渐入膏肓，很多器官已到穷途末路，很多功能已经日薄西山……为什么不能早点珍惜我们的健康，未雨绸缪地保护它们呢？

因为身体是无言的。不到万不得已，它们不说话。一旦它们说话，事情就相当麻烦了。它们所用的语言，就是生病啊。有些人直到这种时候，还不知认真地倾听身体的发言，而是借助现代的医疗手段，用药片把疾病的症状压下去。比如发烧了，就用退烧的药。胃疼了，就用止痉挛药。肩膀酸胀，就贴膏药……凡此种种，症状得以减轻。但是，你想过身体为什么要出现这些异常吗？如果不去思索，那身体就像被杀死了的俘虏，说不出来他所知道的情报了。身体也不是肯善罢甘休的，你听不懂它的话，你不知也不懂它想表达的意思，你还压制了它说话的权利，那么，它会报复的。它报复的手段就是让症状再次出现。这就是我们有些疾病总是不得痊愈绵延反复造成长久的痛苦。更有甚者，你如果总是压抑症状，骨子里十分强硬地拒绝承认身体的不良报告，那么，还真有可能症状就不出现了，但病变仍在继续。终于有一天，演变成更加难以治疗的恶疾甚至直接出现猝死。

我不是说有了疾病症状难忍还要死扛着不吃药，而是倡议我们要认真对待疾病的意义。不要把身体同疾病分开来，好像疾病是一个独立的东西，是附着在我们身体之上的一层薄膜，可以剥下然后丢掉。不是这样的。身体有病了，它就是我们的身体有话要对我们说，我们要停下匆忙的脚步，想想自己对待身体有什么需要改进的地方，让身体更快地恢复强健。

身体是美妙的，也是活跃的。它可以金碧辉煌，也可以破败不堪。全看我们如何保养它，让它成为坚固的堡垒，内外美丽。

为身体投票

当人们看到一本书，却无法根据书名想见内容的时候，通常会愣一下。有两种反应可供选择：一是把它甩到一边，因为它超出了我们已知的知识范畴，它打扰了我们，甚至可以说是一种轻微的冒犯。另外一种就是很好奇地打开它，看它到底说些什么。

我第一次看到《赛博医学》这名字的时候，就充满了茫然。好在我采取了第二种处置方法，才使我没有和一本好书失之交臂。

“赛博”是个挺复杂的词，大致的意思是把人和信息源连结起来，出现一种新型的交流空间。

医学这两个字，倒是熟面孔，有20多年的时间，我天天裹在白大衣里，和它形影不离。现在它在脑袋上加了“赛博”这一玄妙前置，好像老朋友新烫了时髦发型，使我阅读的时候，常有不自在和刮目相看的感觉。

待及看完，掩卷长思，觉得很有触动。

它的内容不复杂，正如它的副标题所示——计算机如何帮助医生和病人提高医疗质量。具体说来，就是计算机可以让病人自行表达病史，进行诊断，指导保健等等。

说实话，在看到这本书之前，我从来没想过病历可由机器完成。大脑中顽固地认为，医学是仅存的几门基本上要由人工独立操作的技艺之一，是手工劳动最后的孤独堡垒。此书打破了我的陈见，并以很有趣的实验数据证明，如果软件设计得足够精彩，病人面对着一架机器叙述病情，可能比对着医生更加自如，病史的采集也更加完备。

我被打击得目瞪口呆，本能地不愿相信这个统计结果。

记起我当实习医生的时候，第一次写病历，煞是紧张。病历是第一手文件，一旦出了医疗事故，是要上法庭作证据的。写病历有很多规则，好似一份谨严的经济合同。我事先把有关格式背得滚瓜烂熟，生怕有什么遗忘。虽说万一忘了，也还可再进病房，补充询问一遍病人，但那仿佛初战失利，让人懊丧。况且，对一个实习医生来说，保持老练形象，事关重大。病室中住了好几个病人，你三番五次地同访某人，旁人都能看出你是初出道，就很容易不信任你。说严重点，简直就是出师未捷身先死。于是，我仿佛草台班子的小演员首次出台，把现病史、既往史、家族史……倒背如流，然后战战兢兢地推开了病房的门。

要写好一份病历，不但问时要周全，万勿遗漏，病人的回答也要记得烂熟，回来才好秉笔直书。一份病历就像一部小说，考验着医生对那个陌生病人生命流程和生理结构的描述，挑战着医生的记忆和思维。它不但蕴含着庞大劳动量和智慧的付出，而且潜藏着人为疏忽和倦怠的危险。而这种种暗疾，在医疗行业之外的人，常常难以痛切地察觉，无法有效地防止可能出现的失误。

我们的时代，是一个遍地讲“黑话”的时代。各行各业都有一些独特的语词，独立于公共汉语之外，孤傲而神秘地屹立在那里，好像早年间敌特的接头暗号。比如你进了电脑店，就得做好领受计算机术语轰炸的准备。你打算装修房间，就会被建筑材料的种种称谓，浸泡得双耳肿胀。行业的划分越来越细致，每个行当都建立了一套自己的内部语系，它们都是由你认识的中国字组成

的，但连缀在一起，内涵却神鬼莫测。此类尴尬，我想，每一个在现代都市中生活的人，都会在不同场合领教。其中最令人惶恐和不知所措的局面，相信是在医院的遭遇。大夫们谈论的是你这个人，是你的身体，可你却对它几乎一无所知。某张化验单上所有的数据，都是你的生命指征，它却对你满面不屑。那些从本质上是属于你的，你却无法知晓涵义的符码，麻木地与你对视，缄口不吐它们的秘密。你一定尝试着问过医生，但医生冷峻的面容使你陡觉自己的弱智，难以启齿。即便有谁拨冗为你解答，你也很快地自惭形秽，觉得骚扰了医生的时间，近乎图财害命。你想偷看医书查询，但浩如烟海的书籍，让你眼花缭乱。即便找到了一本相关的资料，那种行业的黑话，又已匍匐在字里行间等着袭击你了……

当一个人对自己的身体失去了解和控制的时候，那种恐惧和惘然，那种失落和挣扎，那种孤独和无助，那种悲苦和折磨，必定撕心裂肺。人在进化过程中亟待解决如何读懂自己的身体这一问题，它的优先性也许大于我们对外层空间的探索。

新医学的主导思想正是这样的。它以人本主义为自己的哲学基础，提出了“病人的权利”这一主张。本书的作者——斯赖克医学博士，坐在心理学界“当事人中心疗法”创始人——罗杰斯俭朴的家中，他的思想发生了根本性的转折。他明白了，以往的医学专业人员，都是把家长式作风当成自己工作中的主要组成部分，从而剥夺了病人自我依靠和自我尊重的权利。

好像是一个悖论。计算机是个机器，但它的介入，却打破了医生——一种人的一统天下和霸权。在医学这一纯粹为人服务的领域内，渗进了更多人性的意味。

冰冷的没有生命的电脑的参与，使得病人对自己温热的身体，具有了更多的知情权和决定权。我们的身体，是灵魂居住的地方。它的检测和维修，无论我们托付的医生多么负责和周到，最后的关键一票，应该执掌在本人手中（危急情况例外）。电脑在这个过程中帮助了我们，我们应该给它献一束玫瑰。当然，那花最终还要转到为电脑设计了充满人性意味程序的科学家手中。

让人生慢慢完美

完美这件事情并不像复仇，好像年代越久就越不可等待，它不必争分夺秒。我们就像一个命运的绣女，只要心中存着完美的图案，平心静气一针一线宁静地绣下去，便会日臻完美。到了生命结束的那一天，完美谢幕。

寻找你内心深处的芳香

每个人都有自己的芳香。啄木鸟说。

不要以为这是魔幻故事，所以啄木鸟会说话。

我的黑人导游，在非洲赤道线上的热带雨林中，一边用砍刀削着拦住小径的绿色枝条，一边对我说。他先前介绍过自己名字很难发音，在他们民族的语言中，那意思是啄木鸟。

非洲人的名字一般都很长，好听的可以叫"微风"或是"露珠"，意思不那么吉祥的可以叫"痛苦"或是"影子"。啄木鸟是褒义的名字。

我们这一天的旅游项目是"香料之旅"，啄木鸟的开场白也和香气有关。

我想了想，说，我相信每一个人都有属于自己的味道。不然，警犬如何找到罪犯或是失踪的人呢?

我不动声色地反驳了啄木鸟一下。我说的是味道，而他说的是香气。

我以为啄木鸟不一定能察觉，不想他非常敏锐地答道，人本来都是有香气的，就像这些植物，都有属于自己的独特香气。人也是这样的。你闻到过任何一个新生的孩子是臭的吗？没有，所有的婴儿都是香喷喷的。他们每一口呼吸的味道，都是讨人喜爱的。上天在每一个身体当中，都建有香气扑鼻的宝殿。

啄木鸟说这些话的时候，顺手摘下了一朵红色的花。这是口红树。它们的汁液，染红了世界上无数女子的双唇。他牢记自己的工作，向我介绍说。

他穿一条千疮百孔溃不成军的牛仔裤，上身是汗渍的衬衣。当低处的野花钩住裤脚的时候，他就不由自主有一个短暂的趔趄。地面湿滑，布满摇落的雨水，但啄木鸟总是有惊无险地最终保持了平衡。我甚至觉得他很享受这种深一脚浅一脚的风险，这让他森林探险的向导过程充满乐趣。也许正是由于他的东倒西歪，才会让游客格外提高警惕。试想如果导游健步如飞，旅人很可能会忽略了脚下的坎坷。

我说，口红树的花香吗？

啄木鸟说，任何树都是香的。不过口红的香，是另外的一些化学的东西调配出来的。

我说，在你的字典中，是不是所有味道都是香的呢？

啄木鸟非常聪明，他知道我对他所说的人都是芬芳的有所不赞同，就说，人本来都是有香气的，走着走着，就像人们丢掉自己的脚印一样，人们也会失掉香气。到了老年，很多人不但不香，有些人还发出臭味。不信，你闻一闻快要死的人，他们的脏器开始腐烂，人就只剩下恶味了。

我以前当过医生，的确有这种体验。有一些病人外壳看着还好，但他们发出了一种只有死亡临近才会涌来的味道。于是医生和护士们就知道，他们在人世间的日子，屈指可数了。再举个常见的例子，如果不幸发烧了，你就会发出一种类乎馊了的味道。

我对啄木鸟说，按你这样讲，人好闻的时间其实挺少。就算人生下来的时候是香的，很快也就会被这个世界污染，变得不香。

啄木鸟停下脚步，他手里缠着一些绿藤和紫花，飞快地编绕着，好像在结一件蓑衣。他叹息着说，身体上的香渐渐走远，更要找到暗藏的内香。在每一颗人心深处，都有一种芳香。如果你不寻找，它们就和肉体的衰老一道掩埋，再也找不到。如果你时时刻刻记住人心是香的，那么，香气就会被点燃，像花环一样，散发出美好。

他说着，向我招招手，示意我走过去。我这才发现，他已经利用走路的当儿，采摘了各类香草，把它们裹在一起，形成一顶美丽的花冠。我刚凑近，就闻到花冠发出的柔和之香。

真的，任何一种人工合成的香水都要在这顶大自然花冠的馈赠面前退避三舍。即便庙堂静修之所发出的肃穆庄严之香，也要逊色。它是百草百花的混合之香，温和安稳亲切丝滑。毫无咄咄逼人的香氛，但却让你自然而然地服贴平定，心境清明。

啄木鸟，这花香和人内心深处的香气有关联吗？我问。

啄木鸟把花冠递给我，说，我们族人，都相信人的内心是可以发出芳香的。谁能闻得到这些香气，就说明他心灵里有芬芳之花。香与香相吸，会发出奏鸣。若是一个内心没有香气的人，他也闻不到大自然的香气。

我点头，但更多相信这是一种象征。我就不相信道德十恶不赦的人，嗅觉也会丧失功能。或许为了躲避危险，更灵敏了也说不定。

我把这疑惑同啄木鸟说了。难道坏人的鼻子也聋了吗？

啄木鸟说，坏人是闻不到香气的。因为他一心想着恶行，不会察觉到美善的事情。久而久之，他就闻不到香气了。

我说，在你们族人的传说中，香气代表着什么呢？

啄木鸟抬起头看着苍天，在密林中，我们能看到的天空极其狭窄，像一根蜿蜒的蓝毛线。啄木鸟说，我们内心深处的香气，就是勇敢忠诚，爱太阳爱树木爱族人爱春天爱公平和正义……

因为仰头，香草之冠的香气格外浓郁。在非洲的热带雨林中，不仅寻觅着大自然最美妙的植物之香，也寻找着身脑深处的灵魂之香。

蚕是被自己的丝裹住的

蚕是被自己的丝裹住的，这是一个事实。每一个养过蚕的人和没有养过蚕的人，都知道这件事。蚕丝是一寸一寸吐出来的，在吐的时候，蚕昂着头，很快乐很专注的样子。蚕并没有意识到，正是自己的努力劳动，才将自己的身体束缚得紧紧。直到被人一古脑丢进开水锅里，煮死，然后那些美丽的丝，成了没有生命的嫁衣。

这是蚕的悲剧。当我们说到悲剧的时候，不由自主地持了一种观望的态度。也许，是“剧”这个词，将我们引入歧途。以为他人是演员，而我们只是包厢里遥远距离的安全看客。其实，作茧自缚的情况，绝不如想象的那样罕见，它广泛存在于我们周围，空气中到处都飘荡着纷飞的乱丝。

钱的丝飞舞着。很多人在选择以钱为生命指标的时候，看到的是钱所带来的便利和荣耀的光环。钱是单纯的，但攫取钱的手段却不是那样单纯。把一样物品作为自己奋斗的目标，它的危险，不在于这桩物品的本身，而在于你是怎样获取它并消费它。或许可以说，收入钱的能力还比较地容易掌握，支出它的能力则和人的综合素质有极大关系。在这个意义上讲，有些人是不配享有大量金钱的。如同一个头脑不健全的人，如果碰巧有了很大的蛮力，那么，无论是对于他本人还是对于他人，都不见得是一件幸事。

在一个社会财富和个人财富飞速增长的时代，钱是温柔绚丽的，钱也是飘浮迷茫的。钱是中性的绳索。如果碰到没有能力驾驭它的人，它会缠绕在他的脖子上，令他窒息。严重的会被钱所绞杀。

爱的丝也如四月的柳絮一般飞舞着，迷乱着我们的眼，雪一般覆盖着视线。这句话严格说起来，是有语病的。真正的爱，不是诱惑，是温暖。只会使我们更勇敢和更智慧，但的确有很多人被所谓的“爱”包围着，走火入魔时有狂躁。没有节制的爱，就是溺爱、宠爱，丧失节制了。没有节制的爱，如同没有节制的水和火一样，甚至包括氧气，同样是灾难性的。

水火无情，大家都是知道的。但是谈到氧气，那是一种多么好的东西啊。围棋高手下棋难解难分之时，一方要求吸氧。吸氧之后，大师妙招叠出，让人疑心气袋之中是否藏有古今棋谱？记得我学习医科的时候，教授讲过这样一个故事。一名新护士值班，看到衰竭的病人呼吸十分困难，用目光无声地哀求她——请把氧气瓶的流量开得大些。出于对病人的悲悯，加上新护士特有的胆大，当然，还有时值夜半，医生已然休息，无法专门请示医嘱。总之几种情形叠加在一起，她就自作主张了。心想，对病人有好处的事，想来医生也该同意的，就没有请示医生，私自把氧气流量表拧大。气体通过湿化瓶，冒着快乐的气泡，汩汩流出，病人顿感舒服，眼中满是感激的神色，护士就放心地离开了。那夜，不巧来了其他的重病人。当护士忙完抢救，捋着一头汗水再一次巡视病房的时候，发现那位衰竭的病人，已然死亡。究其原因，关键的杀手竟是——氧气中毒。高浓度的氧气抑制了病人的呼吸中枢，让他在安然的享受中丧失了自主呼吸的能力，悄无声息地逝去了……

很可怕，是不是？丧失节制，就是一根恐怖的魔杖。它令优美变成狰狞，使怜爱演为杀机。

谈到爱的缠裹带给我们的灾难，更是俯拾即是。在所有的生活和情绪里面，我以为以爱为名的丝缕，可能是最无形而又最柔韧的一种。放眼观察，多少人为爱所累，沉迷其中，深受其苦。挣脱它，也需要很高的能力和技巧。这当中的奥秘，需要每一个人细细揣摩练习。

各种爱好的延伸，都会像只活的巨蚕，口吐无休无止绵延不绝的丝缕。比如工作的丝，友情的丝，陋习的丝，嗜好的丝……它们无声无息或松或紧地包绕着我们，令我们在习惯的窠臼当中难以自拔。

很多人把工作带回家，不舍昼夜地加班，从来不曾真正离开工作一刻。很多人成了朋友不良情绪的垃圾场，忙着介入别人的压力，分析不止，其实收效甚微，不过是那个人逃避现实的树洞，你是廉价的耳朵。有的人沉浸在某一种爱好之中，比如收集某种物品（女人们的包包癖，也属于此类），沉湎某种异趣，迷恋烟酒……自以为与众不同，不过是那种嗜好的奴隶。被丝缕裹缠得太深太久，力不从心之时，人们常常表现得很无奈很无助，甚至还有一点点敝帚自珍的狡辩。常常可以听到有人说，我也知道自己的毛病，也不是不想改，可就是改不掉。我就是这样一个人了……当他说完这些话的时候，就好像对自己和对众人都有了一个交待，然后脸上就显出安坦无辜的样子，彷佛合上了牛皮纸封面的卷宗。

每当这种时候，我在悲哀的同时，仰天长叹。你明知你的茧，是你自己吐的丝凝成的，你挣扎在茧中，你想突围而出。在这个过程中，你遇到了困难，这是一种必然。但你却为自己找了种种的借口，你向你的丝退却了。你一面吃力地咬断包围你的丝，一面更汹涌地吐出你的丝，你是一个作茧自缚的高手，你比推石头的西西弗斯还惨。他的石头只是滚下又滚下，起码并没有变得更大更沉重。你的丝却在这种突围和分泌的交替中，汲取了你的气力，蚕食了你的信心，它令你变得越来越不喜爱自己，退缩着，在茧中藏得更深更严密更闭锁更干瘪了。

我们每个人都有一些茧。这些茧背负在我们的身上，吸取着我们的热量，让我们寒冷，令前进的速度受限。撕碎这茧，没有外力和机械可供支援，只有靠自己的心和爪。

茧破裂的时候，是痛苦的。茧是我们亲手营造的小世界。茧的空间虽是狭窄的，也是相对安全的。甚至一些不良的嗜好，当我们沉浸其中的时候，感受到的也是习惯成自然的熟络。打破了茧的蚕，被鲜冷的空气，闪亮的阳光，新锐的声音，陌生的场景……刺激着，扰动着，紧张的挑战接踵而来。这种扑面而来的不安，极易诱发退缩。不过，它是正常和难以避免的，是有益和富于建设性的。你会在这种变化当中，感受到生命充满爆发的张力，你知道你活着痛着并且成长着。

有很多人终身困顿在他们自己的茧里。这是他们自己的选择，当生命结束的时候，他们也许会恍然发觉，世界只是一个茧，而自己未曾真正地生活过。

柔　和

“柔和”这个词，细想起来挺有意思。先说“和”字，由“禾”和“口”两部分组成，那涵义大概就是有了生长着的禾苗，嘴里的食物就有了保障，人就该气定神闲，和和气气了。

这个规律，在农耕社会或许是颠扑不破的。那时只要人的温饱得到解决，其他的都好说。随着社会和科技的发达进步，人的较低层次需要得到满足之后，单是手中有粮，就无法抚平激荡的灵魂了。中国有句俗话，叫做“吃饱了撑的——没事找事”。可见胃充盈了之后，就有新的问题滋生，起码无法达至完全的心平气和。

再说“柔”这个字。通常想起它的时候，好像稀泥一滩，没什么筋骨的模样。但细琢磨，上半部是“矛”，下半部是“木”——一支木头削成的矛，看来还是蛮有力度和进攻性的。柔是褒义，比如柔韧、以柔克刚、刚柔相济、百炼钢化作绕指柔……都说明它和阳刚有着同样重要的美学和实践价值。

记得早年当医学生的时候，一天课上先生问道，大家想想，用酒精消毒的时候，什么浓度为好？学生齐声回答，当然是越高越好啦！先生说，错了。太高浓度的酒精，会使细菌的外壁在极短的时间内凝固，形成一道屏障，后续的酒精就再也杀不进去了，细菌在壁垒后面依然活着。最有效的浓度，是把酒精的浓度调得柔和些，润物无声地渗透进去，效果才佳。

于是我第一次明白了，柔和有时比风暴更有力量。

柔和是一种品质与风格。它不是丧失原则，而是一种更高境界的坚守，一种不曾剑拔弩张，依旧扼守尊严的艺术。柔和是内在的原则和外在的弹性充满和谐的统一，柔和是虚怀若谷的谦逊和冷暖相宜的交流。

现代人在风驰电掣的忙碌中，是多么需要自己和他人的柔和啊。不信，你看看报上的征婚广告，尽是征询性格柔和的伴侣。人们希望目光是柔和的，语调是柔和的，面庞的线条是柔和的，身体的张力是柔和的……

当我们轻轻念出“柔和”这个词的时候，你会觉得有一缕淡蓝色的温润，弥漫在唇舌之间。

有人追索柔和，以为那是速度和技巧的掌握。书刊上有不少教授柔和的小诀窍，比如怎样让嗓音柔和，手势柔和……我见过一个女孩子，为了使性情显

出柔和，在手心用油笔写了大大的“慢”字，天天描一遍，掌总是蓝的。以致扬手时常吓人一跳，以为她练了邪门武功。她还为自己规定每说一句话之前，在心中默数从一到十……她除了让人感到木讷和喜怒无常外，与柔和不搭界。

一个人的心如若不柔和，所有对外在柔和形式的摹仿和操练，都是沙上楼阁。

看看天空和海洋吧。当它们最美丽和博大、最安宁和清洁的时候，它们是柔和的。

只有成长了自己的心，才会在不经意之间，收获柔和。

我们的声音柔和了，就更容易渗透到辽远的空间；我们的目光柔和了，就更轻灵地卷起心扉的窗纱；我们的面庞柔和了，就更流畅地传达温暖的诚意；我们的身体柔和了，就更准确地表明与人平等的信念。

柔和，是力量的内敛和高度自信的宁馨儿。愿你好好修炼，在某一个清晨，感觉出柔和像云雾一般悄然袭身。

常常爱惜

拾起一穗遗落在秋天原野上的麦芒时，我们心中会涌起一种情感……

当水龙头正酝酿着滴落一颗椭圆形的水珠，一只手紧紧拧住闸门时，我们心中会涌起一种情感……

当凝望宝蓝的天空因为浓雾而浑浑噩噩时，我们心中会涌起一种情感……

当注视到一个正义的人无力捍卫自己的尊严，孤苦无助的时候，我们心中会涌起一种情感……

人类将这种痛而波动的感觉命名为——爱惜。

我们读这两个字的时候，通常要放低了声音，徐徐地从肺腑最柔软的孔腔吐出，怕惊碎了这薄而透明的温情。

爱惜的大前提是——爱。爱是人类一种最珍贵的体验，它发源于深刻的本能和绵绵的眷恋。爱先于任何其他情感，轻轻沁入婴儿小而玲珑的心灵。爱那给予生命的母亲，爱那清冷的空气和滑润的乳汁。爱温暖的太阳和柔和的抚爱，爱飞舞的光影和若隐若现的乐声……

爱惜的土壤是喜欢。当我们喜欢某种东西的时候，就期冀它的长久和广大，忧郁它的衰减和短暂。当我们对喜爱之物，怀有难以把握的忧虑之时：吝啬是一个常会首选的对策。我们会俭省珍贵的资源，我们会珍爱不可重复的时光，我们会制造机会以期重享愉悦，我们会细水长流反复咀嚼快乐。

于是，爱惜就在不知不觉中发生了。

当我们爱惜的时候，保护的勇气和奋斗的果敢也同时滋生。真爱，需用生命护卫。真爱，就会义无反顾。没有保护的爱惜，是一朵无蕊鲜花，可以艳丽，却断无果实。没有爱惜的保护，是粗砺和逼人的威迫，是强权而不是心心相印。

爱惜常常发生。在我们不经意的时候，打湿眼帘。

爱惜好比一只竹篮。随着人类的进步，它越编越大了，盛着人自身，盛着绿色，盛着地球上所有的物种，盛着天空和海洋。

拒绝分裂

分裂是个可怕的词。一个国家分裂了，那就是战争。一个家庭分裂了，那就是离异。一个民族分裂了，那就是苦难。整体和局部分裂了，那就是残缺。原野分裂了，那就是地震。天空分裂了，那就是黑洞。目光分裂了，那就是斜眼。思想和嘴巴分裂了，那就是心口不一。人的性格分裂了，那就是精神病，俗称“疯子”。

早年我读医科的时候，见过某些精神病人发作时的惨烈景象，觉得“精神分裂症”这个词欠缺味道，还不够淋漓尽致入木三分。随着年龄的增长和阅历的丰富，这才知道“分裂”的厉害。

分裂在医学上有它特殊的定义，这里姑且不论。用通俗点的话说，就是在我们的心灵和身体里，存在着两个“司令部”。一个命令往东，另一个指示往西或是往南，也可能往北。如同十字路口有多组红绿灯在发号施令，诸车横冲直撞，大危机就随之出现了。

分裂耗竭我们的心理能量，使我们衰弱和混乱。有个小伙子，人很聪明敏感，表面上也很随和，从来不同别人发火。他个矮人黑，大家就给他起外号，雅的叫“白矮星”，简称“小白”。俗的叫“碌碡”，简称“老六”。由于他矮，很多同学见到他，就会不由自主地胡撸一下他的头发，叫一声“六儿”或是“小白”，他不恼，一概应承着，附送谦和的微笑，因而人缘很好。终于，有个外校的美丽女生，在一次校际联欢时，问过他的名字后，好奇地说，你并不姓白，大家为什么称你“小白”？这一次，他面部抽搐，再也无法微笑了。女生又问他是不是在家排行第六？他什么也没说，猛转身离开了人声鼎沸的会场。第二天早上，在校园的一角发现了他的尸体。人们非常震惊，百思不得其解，有人以为是谋杀。在他留下的日记里，述说着被人嘲弄的苦闷。他写道：为什么别人的快乐要建立在我的痛苦之上？每当别人胡撸我头顶的时候，我都恨不得把他的爪子剁下来。可是，我不能，那是犯罪。要逃脱这耻辱的一幕，我只有到另一个世界去了……

大家后悔啊！曾经摸过他头顶的同学，把手指攥得出血，当初以为是亲昵的小动作，不想却在同学的心里刻下如此深重创伤，直到绞杀了他的生命。悔恨之余，大家也非常诧异他从来没有公开表示过自己的愤怒。哪怕是只有一次，很多人也会尊重他的感受，收回自己的轻率和随意。

这个同学表面上的豁达，内心的悲苦，就是一个典型的分裂状态。如果你不喜欢这类玩笑和戏耍，完全可以正面表达你的感受。我相信，绝大多数的人会郑重对待，改变做法。当然，可能部分人会恶作剧地坚持，但你如果强烈反抗，相信他们也要有所收敛。那些忍辱负重的微笑，如同错误的路标，让同学百无禁忌，终致酿成惨剧。

如果你愤怒，你就呐喊。如果你哀伤，你就哭泣。如果你热爱，你就表达。如果你喜欢，你就追求。

如果你愤怒，却佯作宽容，那不但是分裂，而且是混淆原则。如果你哀伤，却佯作欢颜，那不但是分裂，而且是对自己的污损。如果你热爱，却反倒逃避，那不但是分裂，而且是丧失勇气。如果你喜欢，却装出厌烦，那不但是分裂，而且是懦弱和愚蠢……

所有的分裂都是要付出代价的。轻的是那稍纵即逝的机遇，一去不复返。重的就像刚才说到的那位朋友，押上了宝贵的生命。最漫长而隐蔽的损害，也许是你一生郁郁寡欢沉闷萧索，每一天都在迷惘中度过，却始终不知道这是为什么。

一位女生，与我谈起她的初恋。其实恋爱是一个古老的话题，地球上曾经生活过的几百亿人都曾遭逢。但每一个年轻人，都以为自己的挫败独一无二。女生说她来自小地方，为了表示自己的先锋和前卫，在男友的一再强求下，和他同居了。后来，男友有了新欢抛弃了她。极端的忧虑和忿恨之下，女生预备从化工商店买一瓶硫酸。

你要干什么？我说。

他取走了我最珍贵的东西，我要把他的脸变成蜂窝。该女生网满红丝的眼光，有一种母豹的绝望。

我说，最珍贵的东西，怎么就弄丢了？

女生语塞了，说，我本不愿给的，怕他说我古板不开放，就……

我说，既然你要做一个先锋女性，据我所知，这样的女性对无爱的男友，通常并不选择毁容。

女生说，可我忍不了。

我说，这就是你矛盾的地方了。你既然无比珍爱某样东西，就要千万守好，深挖洞，广积粮，藏之深山。不要被花言巧语迷惑，假手他人保管。你骨子里是个传统的女孩，你需尊重自己的选择。如果真要找悲剧的源头，我觉得你和男友在价值观上有所不同。你在同居的时候崇尚“解放”，蔑视传统的规则。你在被遗弃的时候，又祭起了古老的道德。我在这里不作价值评判，只想指出你的分裂状态。你要毁他容颜，为一个不爱你的人，去违犯法律伤及生命，这又进入一个可怕的分裂状态了。人们认为恋爱只和激情有关，其实它和我们每个人的历史相连。爱情并不神秘，每个人背负着自己的世界观走向另一个人。

世上也许没有绝对的对和错，但有协调和混乱之分，有统一和分裂的区别。放眼看去，在我们周围，有多少不和谐不统一的情形，在蚕食着我们的环境和心灵。

我们的身体，埋藏着无数灵敏的窃听器，在日夜倾听着心灵的对话。如果你生性真诚，却要言不由衷地说假话，天长日久，情绪就会蒙上铁锈般的灰尘。如果你不喜欢一项工作，却为了金钱和物质埋首其中，你的腰会酸，你的胃会痛，你会了无生活的乐趣，变成一架长着眼睛的机器。如果你热爱大自然，却被幽闭在汽油和水泥构筑的城堡中，你会渐渐惆怅枯萎，被榨干了活泼的汁液，压缩成了没有生命力的标本。如果你没有相濡以沫的情感，与伴侣漠然相对，还要在人前作举案齐眉的恩爱夫妻状，那你会失眠会神经衰弱会得癌症……

这就是分裂的罪行。当你用分裂掩盖了真相，呈现出泡沫的虚假繁荣之时，你的心在暗中哭泣。被挤压的愁绪像燃烧的灰烬，无声地蔓延火蛇。将来的某一个瞬间，嘭地燃放烈焰，野火四处舔食，烧穿千疮百孔的内心。

分裂是一种双重标准。有人以为我们的心很大，可以容得下千山万水。不错，当我们目标坚定人格统一的时候，的确是这样。但当我们为自己设下了相左的方向，那相互抵消的劲道就会撕扯我们的心，让它皱缩成团，局促逼仄窒息难耐。

人是很奇怪的动物。如果你处在分裂的状态，你又要掩饰它，你就不由自主地虚伪。我听一位年轻的白领小姐说，她的主管无论在学识和人品上，都无法让她敬佩，可人在矮檐下，不得不低头。她怕主管发现了自己的腹诽，就格外地巴结讨好甚至谄媚，结果虽然如愿以偿加了薪，可她不快乐不开心。

我说，你可以只对她表示职务上工作上的服从和尊重，而不臧否她的人品。

白领小姐说，我怕她不喜欢我。

我说，那你喜欢她吗？

白领小姐很快回答，我永远不会喜欢她。

我说，其实，我们由于种种的原因，不喜欢某些人，是完全正常的事情。不喜欢并不等于不能合作。如果你和你所不喜欢的上司，只保持单纯而正常的工作关系，这就是统一。但要强求如沐春风亲密无间，这就是分裂，它必然带来情绪的困扰和行动的无所适从。其结果，估计你的主管也不是个愚蠢女人，她会察觉出你的口是心非。

白领小姐苦笑说，她已经这样背后评价我了。

分裂的实质常常是不能自我接纳。我们压抑自己的真实感受，以为它是不正当不光彩的，我们用一种外在的标准修正自己的心境和行为。这其实是一种自我欺骗，委屈了自己也不能坦然对人。

有人说，找工作时，我想到这个单位，又想到那个机构，拿不定主意。要是能把两个单位的优点都集中到一起，就比较容易选择了。

有人说，找对象时，我想选定这个人，又想到那个人也不错，要是能把两个人的长处都放在一个人身上，那就很容易下定决心了。

当我们举棋不定的时候，通常就是一种分裂状态。你想把现实的一部分像积木一样拆下来，和另一部分现实组装起来，成为一个虚拟的世界。

这是对真实一厢情愿的阉割。生活就是泥沙俱下，就是鲜花和荆棘并存。尊重生活本来面目，接受一个完整统一的真实世界，由此决定自己矢志不渝的目标，也许是应对分裂的法宝之一。

让人生慢慢完美

相貌平平名叫芃兰的女生对我说，她很生自己的气。

从小在家里，后来上学工作，再后来嫁了人，我总是要看着别人的脸色说话。什么时候，我才能够大声地说出自己想说的话呢？芃兰苦恼地垂着头。

我说，芃兰，这件事你现在就可以做啊！把你心里现在想的话，大声说出来，我在这里来听你说。这件事可能不像你想的那样难啊！

芃兰睁大眼睛说，真的？我不信。

我说，当然是真的。你现在就可以试一试。

于是，她夸张地大张着嘴巴，清瘦的脖子上静脉怒张，锁骨凸起。当我以为会有虎啸龙吟发出来的时候，周遭一派寂静——她什么也没说出来。

芃兰不好意思，扭捏地说，我还是不习惯，我发不出声音。

我鼓励她说，你不是很生自己的气吗？不是很想改变吗？那么现在就可以不用生气，来，开始！很多人总以为改变很难，总把目光放到遥远的地方。每逢说到国际大事慷慨激昂，但是一涉及身边力所能及的小改变时，就推三阻四。你如果真想改变自身，请试一试。

她又张开了嘴，露出粉红的舌尖。当我以为会有一丝微弱声音发出时，笼罩她的还是铅一般的缄默。

芄兰眼巴巴地看着我，希望我再鼓励或是再批评。可是，我也狠下心坚持沉默。对于一个不想改变的人，再多的话也是枉然。

就在这种僵持中，我突然听到有人吞吞吐吐地说：我要低多少次头，才能换来一次抬头？我什么时候才能变得完美？谁能告诉我？谁……

我几乎看不到她的嘴唇动，但我听到了这句话，下意识地四处张望。以为在我们周围，躲着另外一个怯生生的女孩。

但是，没有。于是，我知道了。这句话，就是从芄兰嘴里说出来的。

我说，很好。如果大点声，就更好了。

她又迟疑了，好像第二次说话，比第一次还困难。幸好没有等太久，她就开口了。声音比刚才大了一点，但仍有限，依然是喃喃自语。

我说，请再大一点声。

这一次，芄兰终于响亮地说出来——我要低多少次头，才能换来一次抬头？我什么时候才能变得完美？谁能告诉我？谁？

芄兰从小在父母的严格管束下战战兢兢地长大，没有高学历，在一家公司做小职员，我能理解她的苦衷。所有的人都可以批评她，她对所有人都是服从。我叹息道，我听见了你此时此刻想说的话。

芄兰说，这不仅是此时此刻想说的话，而且是我天天都想说无数次的话。

我说，听你这句话，包含着好几重意思。比如抬头低头，你分出了尊卑。其实抬头低头都是人类脖颈的正常功能，原则上并没有高低贵贱之分。并不是低头就一定象征服软，抬头就表示很有尊严。真正的尊严感来自我们内心，女孩子常常低头一笑，还更妩媚呢。如果你没有搞清楚这一点，那么有朝一日你若有了力量，很可能就眼睛向上，不屑于低头谅解。人是应该坚强与柔和兼备的。

芄兰想了想说，好吧，那我就不这么耿耿于怀抬头低头这事了。可是，我不知自己何时才能变得完美？很想找到答案。

我说，你这个想法，几乎人人都有。绝大多数人一定是希望自己人生美好。我就不信有哪个娃娃从小就打定主意，让自己一辈子过凄惨悲痛人不理狗都嫌的日子。

她一个劲儿点头。我在内心哀伤，每一个疯狂要求完美的成人心里，都居住着一个自卑的孩童。我说，我赞同你说的人生需要完美，但是不同意快快完美。

芄兰说，为什么呢？既然我们要求完美，为什么要慢吞吞？

我说，先要考考你。你说这完美的“完”是个什么意思？

芄兰说，完，是完结完整完好完全完备的意思吧。

我说，芄兰你语文学得不错啊。在我的理解中，“完”最直接明确的意思，就是结束。

芄兰大吃一惊说，您的意思是“完”就是全完了？

我说，对啊。只有直到最后终结的时候，我们依然美丽，这才算完美。

芄兰哭丧着脸说，我还这么年轻，我可不想玩完。

我说，对啊。完美就是终极，你可以列为目标，但是不必想着完美指日可达。只要我们的生命没有完结，完美的过程就是现在进行时。所以，我们只能让人生慢慢趋于完美。

芄兰说，哦，我明白了。当我们不断追求完美的时候，其实我们是无法完美的。完美没有标准答案，你只能在完成它的过程中完善。

我说，芄兰你不单语文不错，别的方面也很有悟性呢。完美是我们的目标，“完美”的意思也可以解释为“完成美好”。我们的人生肯定会有很多不完美的地方，就像这个世界从来都不是完美的。完美只是相对的，不是绝对的。所以，慢慢地走向完美吧。完美这件事情并不像复仇，好像年代越久就越不可等待，它不必争分夺秒。我们就像一个命运的绣女，只要心中存着完美的图案，平心静气一针一线宁静地绣下去，便会日臻完美。到了生命结束的那一天，完美谢幕。